安全工程系列教材

防火与防爆

FANGHUO YU FANGBAO

（第二版）

主　编◎杨泗霖
副主编◎杨　玲

首都经济贸易大学出版社
Capital University of Economics and Business Press
·北 京·

图书在版编目(CIP)数据

防火与防爆/杨泗霖主编. --2 版. --北京:首都经济贸易大学出版社, 2020.6

ISBN 978-7-5638-2969-9

Ⅰ. ①防… Ⅱ. ①杨… Ⅲ. ①防火—基本知识 ②防爆—基本知识 Ⅳ. ①X932

中国版本图书馆 CIP 数据核字(2019)第 152932 号

防火与防爆(第二版)

杨泗霖 主 编 杨 玲 副主编

责任编辑 浩 南

封面设计 风得信·阿东 FondesyDesign

出版发行 首都经济贸易大学出版社

地 址 北京市朝阳区红庙 (邮编 100026)

电 话 (010)65976483 65065761 65071505(传真)

网 址 http://www.sjmcb.com

E-mail publish@cueb.edu.cn

经 销 全国新华书店

照 排 北京砚祥志远激光照排技术有限公司

印 刷 人民日报印务有限责任公司

成品尺寸 170 毫米×240 毫米 1/16

字 数 239 千字

印 张 14

版 次 2007 年 7 月第 1 版 **2020 年 6 月第 2 版**

2024 年 8 月总第 13 次印刷

书 号 ISBN 978-7-5638-2969-9

定 价 38.00 元

“安全工程系列教材”编委会

“安全工程系列教材”
第二版出版说明

随着人们生活水平的不断提高，珍爱生命、以人为本的理念深入人心。全社会前所未有地关注安全，在生产和生活中提升安全健康水平的需求日益增长。高等院校安全工程专业承担着安全专业人才培养的重任，肩负着社会和时代所赋予的重要责任和使命，其专业教育的地位和作用越加凸显，同时也获得了专业发展的良好空间。

首都经济贸易大学安全工程专业在安全科学与工程领域的教学、科研方面有着长期的探索和积累，具有一定的优势和特色。早在27年前，编委会就组织编写出版了“安全与卫生工程系列教材”（1991系列），这套系列教材在国内安全工程教育、企业安全技术及管理方面发挥了积极作用。2000年，通过对1991系列教材的更新和删改，又推出了“安全工程系列教材”，包括《现代安全管理理论与实务》《电气安全工程》《起重与机械安全》《锅炉压力容器安全》《防火与防爆》5本教材。这套系列教材于2002年荣获教育部全国高等学校优秀教材二等奖。十多年来，该系列教材在全国安全工程专业高等教育中发挥了重要作用，其中有的书印刷次数多达10次。

“安全工程系列教材”第二版的推出，主要为了满足社会发展和科技进步所带来的安全工程专业知识更新的需求。第二版系列教材的编写，继续秉承第一版提出的“少而精”和“深入浅出”的原则，力求将安全工程相关的专业基本理论、工程专业知识、分析和解决相关复杂工程问题的方法和技术手段等简明扼要地展现出来，使读者可以在相对短的时间内系统地获得安全工程专业领域内的核心知识。本系列教材既可用作高等学校安全工程专业本科教材外，也可用作安全技术及管理工作者的培训教材或供自修学习之用。

“安全工程系列教材”编委会
2017年9月

修订说明

本书于2000年9月出版，2002年作为安全工程系列教材之一，荣获教育部全国高等学校优秀教材二等奖。二十年来，本书在安全工程专业高等教育中发挥了重要作用，多次印刷。此外，本书还受到安全工程相关设计人员、企业安全技术及安全管理人员、注册安全工程师、安全评价师、职业安全健康管理体系认证人员等的欢迎。本次修订，为照顾到教学使用者的方便，在保持原书体系架构的基础上，对全书内容进行了更新。

本次修订工作由首都经济贸易大学杨玲老师完成。

本书主要用作大学本科安全工程专业的专业课教材，也可用作相关专业的研究生辅助教材，还可供各类从事与消防安全和电气安全工程相关工作的工程技术人员和技术管理人员学习和查阅之用。

限于编者水平，书中错漏难免，敬请使用本书的广大师生和读者批评指正。

编　者

目　录

绪　论

一、课程主要研究内容和学习要求

1. 研究内容

防火与防爆课程是安全工程专业的一门专业课。它主要研究燃烧的学说和理论,燃烧的类型及其特征,并在此基础上研究发生火灾的一般规律,防火技术的基本理论,防火的基本技术措施以及灭火器材的使用;同时,研究爆炸现象及其分类,爆炸极限及其计算,爆炸温度和压力的计算,并在此基础上研究发生爆炸事故的一般规律,防爆技术的基本理论,防爆的基本技术措施。然后,综合燃烧和爆炸的基本理论和知识,研究可燃易爆物品的燃烧和爆炸特征,并根据它们的燃爆特性,讨论一般的防护要点。本课程最后讨论主要危险场所的防火与防爆技术措施。

2. 学习要求

通过本课程的学习,要求熟悉理解燃烧与爆炸的基本理论和实质,分析企业生产过程中发生火灾和爆炸事故的一般原因,理解采取防火与防爆技术措施以及制定防火与防爆条例的理论依据,掌握防火与防爆技术的基本理论等。

二、火灾和爆炸事故特点

1. 严重性

火灾和爆炸事故所造成的后果,往往是比较严重的,它容易造成重大伤亡事故。例如,2015 年 8 月 12 日,位于天津市滨海新区天津港的瑞海公司危险品仓库发生火灾爆炸事故,造成 165 人遇难(其中参与救援处置的公安现役消防人员 24 人、天津港消防人员 75 人、公安民警 11 人,事故企业、周边企业员工和居民 55 人)、8 人失踪(其中天津消防人员 5 人,周边企业员工、天津港消防人员家属 3 人),798 人受伤(伤情重及较重的伤员 58 人、轻伤员 740 人),304 幢建筑物、12 428 辆商品汽车、7 533 个集装箱受损。截至 2015 年 12 月 10 日,依据《企业职工伤亡事故经济损失统计标准》等标准和规定统计,事故已核定的直接经济损失 68.66 亿元。经国务院调查组认定,“8・12 天津滨海新区爆炸事故”是一起特别重大的生产安全责任事故。

2. 复杂性

发生火灾和爆炸事故的原因,往往比较复杂。例如,发生火灾和爆炸事故的条件之一着火源,就有明火、化学反应热、物质的分解自燃、热辐射、高温表面、撞击和摩擦、绝热压缩、电器火花、静电放电、雷电和日光照射等多种。而另一个条件:可燃物,更是种类繁多,相态复杂,包括各类可燃气体、可燃液体和可燃固体,特别是化工企业的原材料,化学反应的中间产物和化工产品,大多属于可燃物质。发生火灾爆炸事故后,由于房屋倒塌、设备炸毁、人员伤亡等,给事故原因的调查分析带来不少困难。

3. 突发性

火灾和爆炸事故往往是在人们意想不到的时候突然发生。虽然存在事故征兆,但一方面由于目前对火灾和爆炸事故的监测、报警等手段的可靠性、实用性和广泛应用等尚不大理想;另一方面,则是因为至今还有相当多的人员(包括操作人员和生产管理人员)对火灾和爆炸事故的规律及其征兆了解和掌握得很不够。例如,2014 年 4 月 16 日 10 时左右,江苏省南通市如皋市东陈镇双马化工有限公司(以下简称"双马公司")硬脂酸造粒塔正常生产过程中,维修工人在造粒塔底锥形料仓外加装气体振荡器及补焊雾化水管支撑架时,发生硬脂酸粉尘爆炸事故,造成 8 人死亡,9 人受伤。

三、火灾和爆炸事故的一般原因

如前所述,火灾和爆炸事故的原因具有复杂性,但生产过程中发生的事故主要是由于操作失误、设备的缺陷、环境和物料的不安全状态、管理不善等引起的。因此,火灾和爆炸事故的主要原因基本上可以从人、设备、环境、物料和管理等方面加以分析。

1. 人

对大量火灾与爆炸事故的调查和分析表明,有不少事故是由于操作者缺乏有关的科学知识,在火灾与爆炸险情面前思想麻痹,存在侥幸心理,不负责任,违章作业等引起的。在事故发生之前漫不经心,事故发生时则惊慌失措。

2. 设备

设备的设计不合理,不符合防火或防爆的要求、选材不当,或设备上缺乏必要的安全防护装置、密闭不良、制造工艺有缺陷等。

3. 物料

可燃物质的自燃、各种危险物品的相互作用、在运输装卸时受剧烈震动、撞击等。

4. 环境

潮湿、高温、通风不良、雷击等。

5. 管理

规章制度不健全,没有合理的安全操作规程,没有设备的计划检修制度;生产用窑、炉、干燥器以及通风、采暖、照明设备等失修;生产管理人员不重视安全,不重视宣传教育和安全培训等。

四、我国防火与防爆的发展历程

在人类出现之前,火就已经存在于自然界。我国北京周口店"北京人"遗址发现的灰烬、烧骨等用火遗迹,证明在50万年前人类已经学会用火;而在云南省元谋县发现"元谋人"的用火证据,更将人类用火的历史追溯到170万年以前。有关资料表明,大约在1.7万年以前,人类就已经学会了人工取火。火的利用使人类摆脱了"茹毛饮血"的野蛮时代,而"钻木取火"等摩擦生火方法的发明,大大促进了生产力的发展。然而,与此同时失去控制的燃烧(即火灾),以及工业生产中的爆炸事故也严重威胁着人们的生命财产安全。因此,随着生产技术的不断发展,人们越来越重视防火与防爆技术的研究。

据有关资料记载,我国很早以前就设置有火官,如周朝的"司爟""司烜"。在历代封建王朝,大都制定了有关防火的法律,重视以法治火。在宋朝时建立了以士兵组成的消防队,称"潜火队",是世界上较早建立的由士兵组成的官办专职消防队;而且还出现了民间消防队伍,如南宋的"水铺""冷铺",这也是世界上较早出现的民间消防组织。

新中国成立前,在旧中国半殖民地半封建的历史条件下,消防事业得不到应有的重视和强化,同世界上经济发达的国家相比,处于落后的状态。虽然从国外引进了消防警察的体制和少量近代消防技术设备,但是普及推广十分缓慢。

新中国成立后,党和政府非常重视防火与防爆工作,消防事业走上了振兴的道路。国务院于1957年发布了《国务院关于加强消防工作的指示》,确定了"以防为主,以消为辅"的消防工作方针。同年11月29日,全国人大常务委员会批准发布了我国历史上第一部比较完整的消防行政法规《消防监督条例》。在此基础上,第六届人大常务委员会第五次会议于1984年5月11日修订并批准公布了《中华人民共和国消防条例》,该条例确定了我国"预防为主,防消结合"的消防工作方针。随着我国消防事业的发展,结合社会实际需求,对《中华人民共和国消防条例》修订后形成了《中华人民共和国消防法》(第一版),由第九届全国人大常务委员会第二次会议于1998年4月29日批准。该法继承了"预防为主,防消结合"的消防工作方针,确立了

“专门机关与群众相结合”的消防工作原则。根据此法律,国家有关部门还相继制定了相关的技术规范和标准,大多数省、自治区、直辖市也结合本地的实际情况,经人大批准颁发了本地的消防管理条例。随着我国工业生产的快速发展,工业建设的过程中所要注意的防火、防爆工作对稳定的工业生产有着非常重要的意义。为了预防和减少火灾与爆炸危害,加强应急救援工作,并进一步完善消防执法监督工作机制,促进公正、严格、文明、高效执法,修订后的《中华人民共和国消防法》于2008年10月28日在第十一届全国人民代表大会常务委员会第五次会议上审议通过,并于2009年5月1日起实施,确立了“政府统一领导,部门依法监管,单位全面负责,公民积极参与”的消防工作原则。2019年4月23日第十三届全国人民代表大会常务委员会第十次会议对本法进行修正,我国的防火防爆安全法规进一步健全和完善。在此期间,产生了多部防火、防爆设计规范,如现行的GB 50016—2014《建筑设计防火规范》,GB 50160—2008《石油化工设计防火规范》,以及与防火与爆炸品安全有关的安全技术标准,如GB 3836.1—2000《爆炸性气体环境用电气设备》、GB 5817—2009《生产性粉尘作业危害程度分级》、GB 6722—2014《爆破安全规程》、GB 7230—2008《气体检测管装置》,等等。这些都为我国的安全生产工作做出了积极的贡献。

五、课程学习的意义

火灾和爆炸事故具有很大的破坏性,工业企业发生火灾和爆炸事故,会造成严重的后果。所以,认真学习火灾和爆炸的基本知识,了解发生这类事故的一般规律,掌握有效的防火与防爆措施,对发展国民经济具有非常重要的意义。

(1)保护劳动者和广大人民群众的人身安全。发生火灾或爆炸事故不仅会造成操作者伤亡,而且还会危及在场的其他生产人员,甚至会使周围的居民遭受灾难。工厂企业作好防火防爆工作,对保护生产力、促进生产发展的意义是显而易见的。

(2)保护国家财产。火灾爆炸事故后往往使设备毁坏、建筑物倒塌、大量物质化为乌有,使国家财产蒙受巨大损失,所以防火防爆是实现工矿企业安全生产的重要条件。发生火灾和爆炸往往会打乱工矿企业的正常生产秩序,严重时甚至迫使生产停顿。

此外,还必须强调指出,防火与防爆理论研究是安全工程学科的重要基本理论之一。众所周知,锅炉安全、压力容器安全、电气安全和焊接安全,还有化工、煤矿、炼油、冶金以及建筑等也都需要在防火与防爆理论指导下,研究采取有效措施,防止火灾和爆炸事故的发生。

第一章　防火基本原理

人类学会用火，是跨入文明世界的一个重要标志。然而，人们在长期生产和生活实践中的经验表明，火在人类手中一直是具有巨大创造性和破坏性的力量，一旦对燃烧失去控制，就会酿成灾害。因此，在用火的同时必须研究燃烧现象的实质以及防止燃烧失控的理论和措施，以便在生产和生活中有效地防止火灾的发生。

第一节　燃烧的学说和理论

时至今日，燃烧在生产、军事和生活领域里是被应用得最为广泛的一种氧化反应。然而，人们对燃烧现象的实质，在漫长的时期里缺乏正确的认识和解释，虽然在学术界曾有过许多有关燃烧的学说和理论，但却没有一种能对燃烧的实质给予科学合理的解释！直到20世纪初，才由苏联科学家谢苗诺夫（H. H. CeMëHoB）创建了燃烧的链式反应理论，并得到了世界各国化学界的公认，是现代用来解释燃烧实质的基本理论。

众所周知，人工取火和电的发明是促进人类物质文明飞速发展的两座里程碑，而人工取火比电的发明和利用要早得多，可是比较起来，电的科学早已发展到了相当的高度，今天在电工学和无线电电子学的范围内，几乎已没有人们所不能解释的了。但在关于火的科学方面却不然，人们经常在最简单的现象面前束手无策，对于内燃机以及锅炉的设计，往往较之最复杂的电动机或无线电设备的设计更感到困难，这说明对燃烧科学的研究是何等的薄弱。长期以来，在不少有关火的问题上，人们往往缺乏可加以利用的、合理的科学知识。由于目前世界各国经常发生严重的火灾和爆炸事故，因此，有关燃烧和爆炸的科学研究受到了普遍的重视。

一、燃烧素学说

18世纪以前，欧洲盛行燃烧素学说（亦称燃素学说），对当时化学界的影响很大。燃素学说认为，某种物体之所以能燃烧是因为其中含有一种燃烧素，燃烧时，燃烧素就从物体内逸出。例如，蜡烛的燃烧，当燃烧素都跑出来以后，蜡烛也就熄灭了。燃烧素学说在解释什么是燃烧素时，认为火是由无数细小活跃的微粒构成的物质实体，由这种火微粒构成的火的元素就是燃烧素，物质如果不含有燃烧素则不能燃烧。

燃素学说始终没有说明燃烧素是由什么成分组成的物质。显然,这种学说的建立不是以科学根据为基础,而是凭空臆造出一个“燃烧素”来。所以,燃烧素学说实际上是唯心主义的、不科学的。

由于燃素学说在当时的化学界非常盛行,影响很大,许多著名的化学家都是燃素学说的崇拜者和忠实信徒,这就大大地阻碍了人们对燃烧实质的研究。例如,英国化学家普里斯特利(J. Priestley,1733—1804)虽然在实验室里得到了氧,但因他是燃烧素学说的忠实信徒,所以没有认识到这一发现对研究燃烧的重要性。当时有的科学家早已认识到燃烧和空气是分不开的,认为“空气常滋养火焰,而火焰则不断地消耗空气。燃烧部分如无新空气补入,其中将成为真空”;还认为“火焰发生时,必引起空气之流动,此种空气是以维持或滋长火焰,而火焰则时时将四周空气消耗。如无新空气流入,则燃烧处必致成为真空。更进而言之,世间如无空气,不仅火不能发生,即使万物亦无生长之可能”。

在燃烧素学说之后,还有不少学说的理论。例如,四元素学说认为,燃烧是“火、水、空气、土”这四种元素的作用。四元素学说解释木材的燃烧现象时认为,木材燃烧时所产生的明显火焰为“火素”,蒸发散发的潮气(湿气)为“水素”,上升的烟为“空气素”,剩余的灰为“土素”。

汞硫盐学说认为,火焰的发生是因为物体中含有硫质,气体的逸出为汞素,剩余之灰为所含的盐质,等等。

二、燃烧的氧学说

法国化学家拉瓦锡(A. L. Lavoisiser,1743—1794)在普里斯特利发现氧气的基础上,进行研究和做了大量实验,于1777年提出了燃烧的氧学说,认为燃烧是可燃物与氧的化合反应,同时放出光和热。拉瓦锡指出,物质里根本不存在一种所谓燃烧素的成分。

燃烧氧学说的建立是对燃烧科学的一大贡献,它宣告了燃烧素学说的破灭。

三、燃烧的分子碰撞理论

根据化学上的定义,强烈的氧化反应并有热和光同时发生者称为燃烧。热和光只是说明燃烧过程中发生的物理现象,那么燃烧的这种氧化反应是怎样发生的呢?即燃烧的实质是什么呢?

近代用链式反应理论来解释燃烧的实质,而在这个理论之前,曾有燃烧的分子碰撞理论、活化能理论和过氧化物理论等。

燃烧的分子碰撞理论认为,燃烧的氧化反应是由于可燃物和助燃物两种气体分子的互相碰撞而引起的。众所周知,气体的分子都是处于急速运动的状态中,并且不断地彼此互相碰撞，当两个分子发生碰撞时，则有可能发生化学反应。但是，用这种理论解释燃烧的氧化反应时，其可能性却非常微小。例如，氢与氯的混合物在常温下避光贮存于容器中，它们的分子每秒彼此碰撞达 10 亿次之多，但觉察不到有任何反应；可是，若把这种混合物置于日光照射下，虽不改变其温度和压力，氢与氯两者却可以极快的速度进行反应，生成氯化氢，并呈现出光和热的燃烧现象，甚至能引起爆炸。由此可见，气态下物质的反应速度，并不能仅以分子碰撞次数的多少来加以解释。这是因为在互相碰撞的分子间会产生一般的排斥力，只有在它们的动能极高时，才能在分子的组成部分产生显著的振动，引起键能减弱，使分子各部位的重排成为可能，亦即有可能引向化学反应。这种动能，按其大小而言，接近于键的破坏能，因而至少是 2. 1 ~ 41. 8kJ/mol。这就意味着一切反应必须在极高温度下才能发生，因为 41. 8kJ/mol 的活化能相当于 1 200 ~ 1 400℃ 的反应温度。假如同意这种观点，那么燃烧与氧化反应应该是特别困难的，因为双键 O═O 的破坏能是 49kJ/mol，而C—H键的破坏能为 33. 5 ~ 41. 8kJ/mol。但是，实验证明最简单的碳氢化合物的燃烧、氧化反应在 300℃ 左右就可以进行了。上面的推证排斥了下面这样一种见解，即可燃物质的燃烧是它们的分子与氧分子直接起作用而生成最终的氧化产物。

四、活化能理论

为了使可燃物和助燃物两种气体分子间产生氧化反应，仅仅依靠两种分子发生碰撞还不够，正如前面所说的，在互相碰撞的分子间会产生一般的排斥力。在通常的条件下，这些分子没有足够的能量来发生氧化反应，只有当一定数量的分子获得足够的能量以后，才能在碰撞时引起分子的组成部分产生显著的振动，使分子中的原子或原子群之间的结合减弱，分子各部分的重排才有可能，亦即有可能引向化学反应。这些具有足够能量的、在互相碰撞时会发生化学反应的分子，称为活性分子。活性分子所具有的能量要比普通分子平均能量高出一定值。使普通分子变为活性分子所必需的能量，称为活化能。

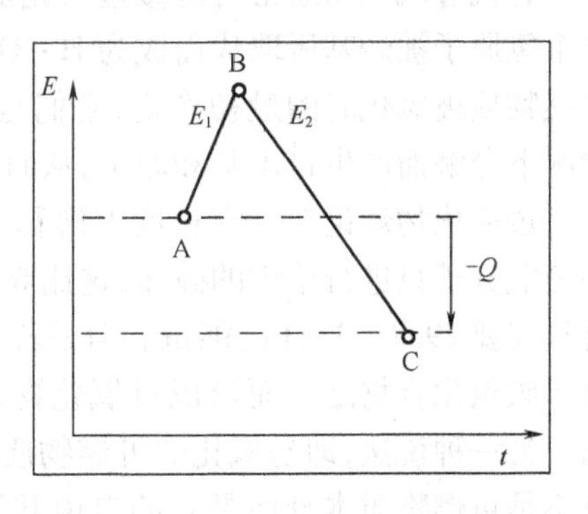

图 1 −1　反应中的分子活化能

图 1 −1 中的纵坐标表示所研究系统的分子能量，横坐标表示反应过程，A 点表示系统开始时的动力状态。当这个系统接受转入活性状态 B 所必需的能量 E_1 后，将引起反应，并且这个系统将在减弱能量 E_2 的情况下进入结束状态 C。能量差

$$E_1 - E_2 = -Q(E_2 > E_1)$$

为反应的热效应。

活化能理论指出了可燃物和助燃物两种气体分子发生氧化反应的可能性及其条件。

五、过氧化物理论

过氧化物理论认为，分子在各种能量（热能、辐射能、电能、化学反应能）的作用下可以被活化。比如在燃烧反应中，首先是氧分子（O ═O）在热能作用下活化，被活化的氧分子的双键之一断开，形成过氧基—O—O—，这种基能加合于被氧化物质的分子上面而形成过氧化物：

$$A + O_2 = AO_2$$

在过氧化物的成分中有过氧基—O—O—，这种基中的氧原子较之游离氧分子中的氧原子更不稳定。因此，过氧化物是强烈的氧化剂，不仅能氧化形成过氧化物的物质 A，而且也能氧化用分子氧很难氧化的其他物质 B：

$$AO_2 + A = 2AO$$

$$AO_2 + B = AO + BO$$

例如，氢与氧的燃烧反应，通常直接表达为：

$$2H_2 + O_2 = 2H_2O$$

按照过氧化物理论，先是氢和氧生成过氧化氢，而后才是过氧化氢再与氢反应生成 H_2O。其反应式如下：

$$H_2 + O_2 = H_2O_2$$

$$H_2O_2 + H_2 = 2H_2O$$

有机过氧化物通常可看做过氧化氢 H－O－O－H 的衍生物，在其中，有一个或两个氢原子被烃基所取代而成为 H－O－O－R 或 R－O－O－R。所以，过氧化物是可燃物质被氧化时的最初产物，它们是不稳定的化合物，能够在受热、撞击、摩擦等情况下分解而产生自由基和原子，从而又促使新的可燃物质的氧化。

过氧化物理论在一定程度上解释了为何物质在气态下有被氧化的可能性。它假定氧分子只进行单键的破坏，这比双键的破坏要容易一些。因为破坏 1mol 氧的单键只需要 29.3～33kJ 的能量。但是若考虑到 C－H 键也必须破坏，氧分子也必须加合于碳氢化合物之上而形成过氧化物，则氧化过程还是很困难的。因此，巴赫又提出了另一种说法，即易氧化的可燃物质具有足以破坏氧中单键所需的“自由能”，所以不是可燃物质本身而是它的自由基被氧化。这种观点就是近代关于氧化作用的链式反应理论的基础。

六、链式反应理论

链式反应理论是由苏联科学家谢苗诺夫提出的。他认为物质的燃烧经历以下过程：可燃物质或助燃物质先吸收能量而离解为游离基，与其他分子相互作用形成一系列连锁反应，将燃烧热释放出来。这可以列举氯和氢的作用来说明。氯在光的作用下被活化成活性分子，于是构成一连串的反应：

$Cl_2 + h_v$(光量子)$=\!=\!=Cl^{\cdot} + Cl^{\cdot}$　　链的引发

$Cl^{\cdot} + H_2 =\!=\!= HCl + H^{\cdot}$

$H^{\cdot} + Cl_2 —— HCl + Cl^{\cdot}$　　链的传递

$Cl^{\cdot} + H_2 =\!=\!= HCl + H^{\cdot}$

$H^{\cdot} + Cl_2 =\!=\!= HCl + Cl^{\cdot}$

依此类推

$Cl^{\cdot} + Cl^{\cdot} =\!=\!= Cl_2$　　链的中断

$H^{\cdot} + H^{\cdot} =\!=\!= H_2$

上列反应式表明，最初的游离基(或称活性中心、作用中心等)是在某种能源的作用下生成的，产生游离基的能源可以是受热分解或光照、氧化、还原、催化和射线照射等。游离基由于具有比普通分子平均动能更多的活化能，所以其活动能力非常强，在一般条件下是不稳定的，容易与其他物质分子进行反应而生成新的游离基，或者自行结合成稳定的分子。因此，利用某种能源设法使反应物产生少量的活性中心——游离基时，这些最初的游离基即可引起连锁反应，因而使燃烧得以持续进行，直至反应物全部反应完毕。在连锁反应中，如果作用中心消失，就会使连锁反应中断，而使反应减弱直至燃烧停止。

总的来说，连锁反应机理大致可分为三段：

①链引发，即游离基生成，使链反应开始；

②链传递，游离基作用于其他参与反应的化合物，产生新的游离基；

③链终止，即游离基的消耗，使连锁反应终止。

造成游离基消耗的原因是多方面的，如游离基相互碰撞生成分子，与掺入混合物中的杂质起副反应，与非活性的同类分子或惰性分子互相碰撞而将能量分散，撞击器壁而被吸附等。

综上所述，燃烧是一种复杂的物理化学反应。光和热是燃烧过程中发生的物理现象，游离基的连锁反应则说明了燃烧反应的化学实质。按照链式反应理论，燃烧不是两个气态分子之间直接起作用，而是它们的分裂物——游离基这种中间产物进行的链式反应。

在链式反应中,存在着链的增长速度和链的中断速度。当链的增长速度等于或大于链的中断速度时,燃烧才能产生和持续;当链的中断速度大于链的增长速度时,燃烧则不会发生或正在进行的燃烧会停止。

链式反应有分支连锁反应和不分支连锁反应两种。上述氯和氢的反应是不分支连锁反应的典型,即活化一个氯分子可出现两个氯的游离基,也就是两个连锁反应的活性中心,每一个氧游离基都进行自己的连锁反应,而且每次反应只引出一个新的游离基。

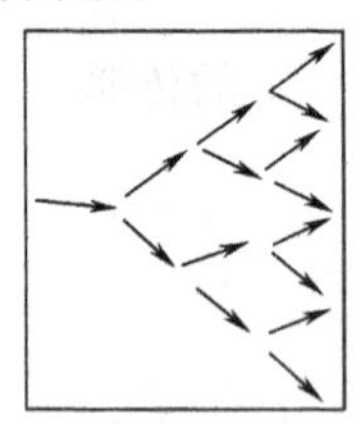

图1-2　分支连锁反应

氢和氧的反应则属于分支连锁反应:

Ⅰ　$H_2 + O_2 = 2OH^{\cdot}$

Ⅱ　$OH^{\cdot} + H_2 = H_2O + H^{\cdot}$

Ⅲ　$H^{\cdot} + O_2 = OH^{\cdot} + O^{\cdot}$

Ⅳ　$O^{\cdot} + H_2 = OH^{\cdot} + H^{\cdot}$

由于反应式Ⅲ和Ⅳ各生成两个活化中心,因此,如图1-2所示这些反应中连锁会分支。

第二节　燃烧的类型

燃烧是同时放热发光的氧化反应,它可分为闪燃、着火和自燃等类型。每一种类型的燃烧都有其各自的特征。研究防火技术,就必须具体分析每一类型燃烧发生的特殊原因及其特点,才能有针对性地采取行之有效的防火措施。

一、闪燃与闪点

可燃液体的温度越高,蒸发出的蒸气越多。当温度不高时,液面上少量的可燃蒸气与空气混合后,遇着火源而发生一闪即灭(延续时间少于5s)的燃烧现象,称闪燃。

可燃液体蒸发出的可燃蒸气足以与空气构成一种混合物,并在与火源接触时发生闪燃的最低温度,称为该液体的闪点。闪点越低,则火灾危险性越大。如乙醚的闪点为-45℃,煤油为28~45℃,说明乙醚不仅比煤油的火灾危险性大,而且还表明乙醚具有低温火灾危险性。

应当指出,可燃液体之所以会发生一闪即灭的闪燃现象,是因为它在闪点的温度下蒸发速度较慢,所蒸发出来的蒸气仅能维持短时间的燃烧,而来不及提供足够的蒸气补充维持稳定的燃烧。也就是说，在闪点温度时，燃烧的仅仅是可燃液体所蒸发的那些蒸气，而不是液体自身在燃烧，即还没有达到使液体能燃烧的温度，所以燃烧表现为一闪即灭的现象。

闪燃是可燃液体发生着火的前奏，从消防的角度来说，闪燃就是危险的警告，闪点是衡量可燃液体火灾危险性的重要依据。因此，研究可燃液体火灾危险性时，闪燃现象是必须掌握的一种燃烧类型。常见可燃液体的闪点见表1－1。

表1－1　常见可燃液体的闪点

名称	闪点（℃）	名称	闪点（℃）	名称	闪点（℃）	名称	闪点（℃）
一硝基二甲苯	35	二硫化碳	－45	二甲苯	25	丁酸乙酯	25
乙醚	－45	二乙烯醚	－30	二甲基吡啶	29	丁烯醇	34
乙烯醚	－30	二乙胺	－26	二异丁胺	29.4	丁醇	35
乙胺	－18	二甲醇缩甲醛	－18	二甲氨基乙醇	31	丁醚	38
乙烯基氯	－17.8	二氯甲烷	－14	二乙基乙二酸酯	44	丁苯	52
乙醛	－17	二甲二氯硅烷	－9	二乙基乙烯二胺	46	丁酸异戊酯	62
乙烯正丁醚	－10	二异丙胺	－6.6	二聚戊烯	46	丁酸	77
乙烯异丁醚	－10	二甲胺	－6.2	二丙酮	49	冰醋酸	40
乙硫醇	<0	二甲基呋喃	7	二氯乙醚	55	吡啶	20
乙基正丁醚	1.1	二丙胺	7.2	二甲基苯胺	62.8	间二甲苯	25
乙腈	5.5	甲基戊酮醇	8.8	二氯异丙醚	85	间甲酚	36
乙醇	14	甲酸丁酯	17	二乙二醇乙醚	94	辛烷	16
乙苯	15	甲酸戊酯	22	二苯醚	115	环氧丙烷	－37
乙基吗啡啉	32	甲基异戊酮	23	丁烯	－80	环己烷	6.3
乙二胺	33.9	甲酸	69	丁酮	－14	环己胺	32
乙酰乙酸乙酯	35	甲基丙烯酸	76.7	丁胺	－12	环氧氯丙烷	32
醋酸	38	戊烷	－42	丁烷	－10	环己酮	40
乙酰丙酮	40	戊烯	－17.8	丁基氯	－6.6	丁醇醛	82.7
乙撑氰醇	55	戊酮	15.5	丁醛	－16	丁二酸酐	88
乙基丁醇	58	戊醇	49	丁烯酸乙酯	2.2	丁二烯	41
乙二醇丁醚	73	二氯乙烯	14	丁烯醛	13	十氢化萘	57
乙醇胺	85	二氯丙烯	15	丁酸甲酯	14	三甲基氯化硅	－18
乙二醇	100	二氯乙烷	21	丁烯酸甲酯	<20	三氟甲基苯	－12

续表

名称	闪点(℃)	名称	闪点(℃)	名称	闪点(℃)	名称	闪点(℃)
三乙胺	4	酚	79	石脑油	25.6	四氢化萘	77
三聚乙醛	26	硝酸甲酯	-13	甲乙醚	-37	甘油	160
三甘醇	166	硝酸乙酯	1	甲酸甲酯	-32	异戊二烯	-42
三乙醇胺	179.4	硝基丙烷	31	甲基戊二烯	-27	异丙苯	34
飞机汽油	-44	硝基甲烷	35	甲酸乙酯	-20	异戊醛	39
己烷	-23	硝基乙烷	41	甲硫醇	-17.7	邻甲苯胺	85
己胺	26.3	硝基苯	90	甲基丙烯醛	-15	松节油	32
己醛	32	氯乙烷	-43	甲乙酮	-14	松香水	62
己酮	35	氯丙烯	-32	甲基环己烷	-4	苯	-14
己酸	102	丙酸甲酯	-3	甲酸正丙酯	-3	苯乙烯	38
天然汽油	-50	丙烯酸甲酯	-2.7	甲酸异丙酯	-1	苯甲醛	62
反二氯乙烯	6	丙酸乙酯	12	甲苯	4	苯胺	71
六氢吡啶	16	丙醛	15	甲基乙烯甲酮	6.6	苯甲醇	96
六氢苯酸	68	丙烯酸乙酯	16	甲醇	7	氧化丙烯	-37
火棉胶	17.7	丙胺	<20	甲酸异丁酯	8	氯丙烷	-17.7
煤油	28	丙烯醇	21	醋酸甲酯	-13	氯丁烷	-9
水杨醛	90	丙醇	23	醋酸乙烯酯	-7	氯苯	27
水杨酸甲酯	101	丙苯	30	醋酸乙酯	-4	氯乙醇	55
水杨酸乙酯	107	丙酸丁酯	32	醋酸醚	-3	硫酸二甲酯	83
巴豆醛	12.8	丙酸正丙酯	40	醋酸丙酯	20	氰氢酸	-17.5
壬烷	31	丙酸异戊酯	40.5	醋酸丁酯	22.2	溴乙烷	-25
壬醇	83.5	丙酸戊酯	41	醋酸酐	40	溴丙烯	-1.5
丙醚	-26	丙烯酸丁酯	48.5	樟脑油	47	溴苯	65
丙基氯	-17.8	丙烯氯乙醇	52	噻吩	-1	碳酸乙酯	25
丙烯醛	-17.8	丙酐	73	对二甲苯	25	糠醛	66
丙酮	-10	丙二醇	98.9	正丁烷	-60	糖醇	76
丙烯醚	-7	石油醚	-50	正丙醇	22	缩醛	-2.8
丙烯腈	-5	原油	-35	四氢呋喃	-15	绿油	65

可燃液体的闪点可采用仪器测定,测定器有开口式和闭口式两种。图1－3所示为开口杯闪点测定器,主要由内坩埚4、外坩埚5、温度计3和点火器8等组成。加热可采用煤气灯、酒精灯或电炉。被测试样在规定升温速度等条件下加热到它的蒸气与点火器火焰接触发生闪火时,温度计上所标示的最低温度,即为被测定可燃液体的闪点,并标注为“开杯闪点”。对闪点较高的可燃液体,经常用开杯仪器测定。当测定闪点高于200℃时,须用电炉加热。

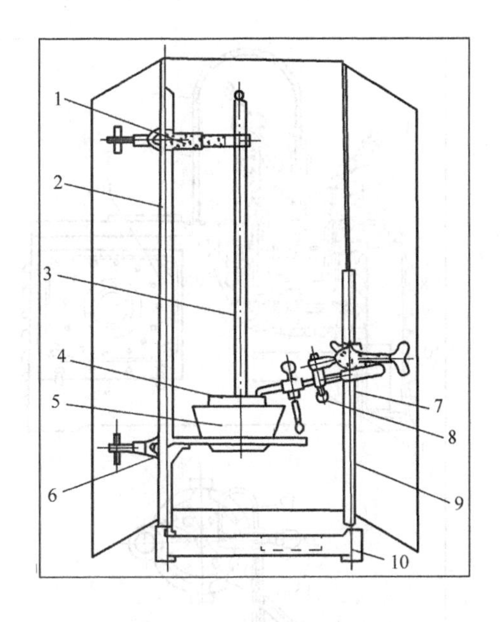

图1－3　开口杯闪点测定器

1—温度计夹;2—支柱;3 一温度计;4—内坩埚;
5—外坩埚;6—坩埚托;7—点火器支柱;
8—点火器;9—屏风;10—底座

为取得试样的燃点,应继续进行加热,并定时断续点火。当试样的蒸气接触点火器火焰时立即着火,并能持续燃烧不少于5s,此时的温度为试样的燃点。

图1－4所示为闭口杯闪点测定器,主要由点火器2、油杯5、搅拌桨7、电炉盘9、电动机10和温度计14等组成。装有试样的油杯在规定的温升速度等条件下加热,并定期对试样进行搅拌(在点火时停止搅拌)。点火时打开孔盖1s后,出现闪火时的温度则为该试样的闪点,并标注“闭杯闪点”。闭杯测定器通常用于测定常温下能闪燃的液体。同一种物质的开杯闪点要高于闭杯闪点。

可燃液体水溶液的闪点会随水溶液浓度的降低而升高,如表1－2列出醇水溶液的闪点随醇含量的减少而升高。从表中所列数值可以看出,当乙醇含量为100%时,9℃即发生闪燃,而含量降至3%时则没有闪燃现象。利用此特点,对水溶性液体火灾,用大量水扑救,降低可燃液体的浓度可减弱燃烧强度,使火熄灭。

除了可燃液体以外,某些能蒸发出蒸气的固体,如石蜡、樟脑、萘等,其表面上所产生的蒸气可以达到一定的浓度,与空气混合而成为可燃的气体混合物,若与明火接触,也能出现闪燃现象。例如,木材的闪点定为260℃左右,部分塑料的闪点见表1－3。

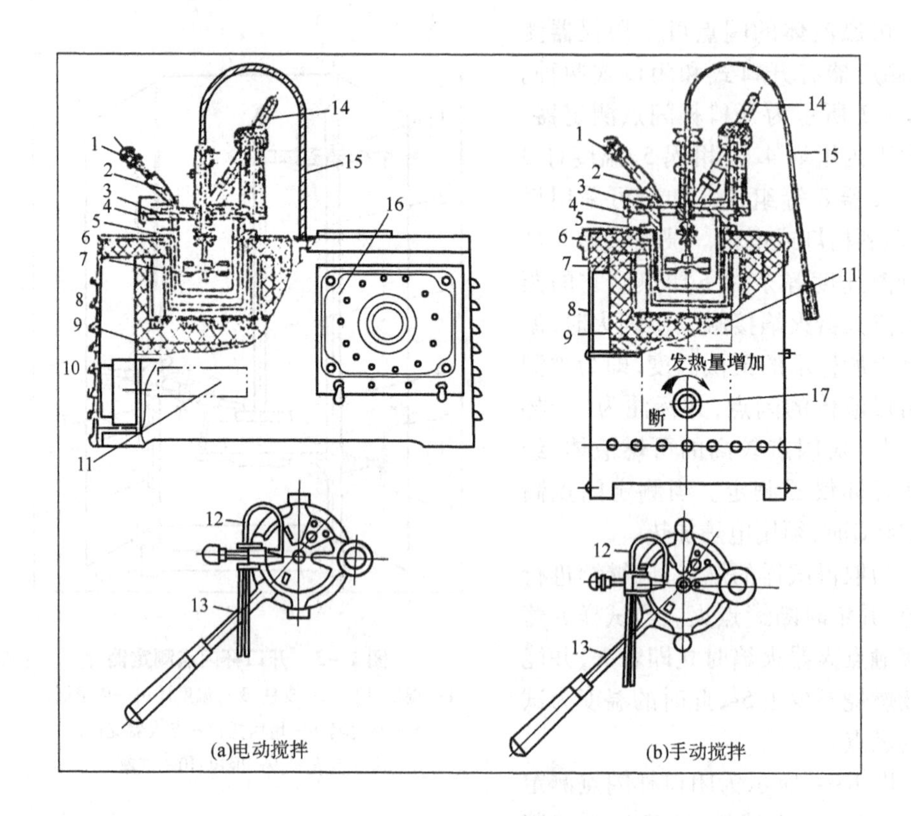

图 1－4 闭口杯闪点测定器

1—点火器调节螺丝；2—点火器；3—滑板；4—油杯盖；5—油杯；6—浴套；
7—搅拌浆；8—壳体；9—电炉盘；10—电动机；11—铭牌；12—点火管；13—油杯手柄；
14—温度计；15—传动软轴；16—开关箱；17—旋钮

表 1－2 醇水溶液的闪点(质量百分比)

溶液中醇的含量/%	闪点(℃)		溶液中醇的含量/%	闪点(℃)	
	甲醇	乙醇		甲醇	乙醇
100	7	11	10	60	50
75	18	22	5	无	60
55	22	23	3	无	无
40	30	25			

表 1-3　部分塑料的闪点

材料名称	闪点(℃)	材料名称	闪点(℃)
聚苯乙烯	370	聚氯乙烯	530
聚乙烯	340	苯乙烯、异丁烯酸甲酯共聚物	338
乙烯纤维	290	聚氨基甲酸乙酯泡沫	310
聚酰胺	420	聚酯+玻璃钢纤维	298
苯乙烯丙烯腈共聚树脂	366	密胺树脂+玻璃纤维	475

通过对闪燃特征的研究,可以了解到可燃液体的燃烧不是液体本身而是它的蒸气,也就是说是蒸气在着火爆炸。在生产中,由于人们未能认识到可燃液体的这个特点,常因此而造成火灾爆炸事故。例如,某厂的变压器油箱因腐蚀产生裂纹而漏油,为了不影响生产和省事,未经置换处理就冒险直接进行补焊。由于该裂纹距液面较远,所以幸免发生事故。于是有不少企业派人到该厂参观学习,为给大家演示,找来一个报废的油箱,将油灌入,使液面略高于裂纹,来访者四周围观。由于此次裂纹距液面很近,刚开始补焊,高温便引燃液面上的蒸气,发生爆炸,飞溅出的无数油滴都带着火苗,在场的人员被烧的烧、烫的烫,造成多人受伤的事故。

二、自燃与自燃点

可燃物质受热升温而不需明火作用就能自行燃烧的现象称为自燃。通常是由于物质的缓慢氧化作用放出热量,或靠近热源等原因使物质的温度升高;同时,由于散热受到阻碍,造成热量积蓄,当达到一定温度时而引起的燃烧,这是物质自发的着火燃烧。由于自燃是物质在没有明火作用下的自行燃烧,所以引起火灾的危险性很大。

引起物质发生自燃的最低温度称为自燃点。例如,黄磷的自燃点为30℃,煤的自燃点为320℃。自燃点越低,火灾危险性越大。某些气体及液体的自燃点见表1-4。

表 1-4　某些气体及液体的自燃点

化合物	分子式	自燃点(℃)		化合物	分子式	自燃点(℃)	
		空气中	氧气中			空气中	氧气中
氢	H_2	572	560	丁烯	C_4H_8	443	—
一氧化碳	CO	609	588	戊烯	C_5H_{10}	273	—

续表

化合物	分子式	自燃点(℃)		化合物	分子式	自燃点(℃)	
		空气中	氧气中			空气中	氧气中
氨	NH_3	651	—	乙炔	C_2H_2	305	296
二硫化碳	CS_2	120	107	苯	C_6H_6	580	566
硫化氢	H_2S	292	220	环丙烷	C_3H_6	498	454
氢氰酸	HCN	538	—	环己烷	C_6H_{12}	—	296
甲烷	CH_4	632	556	甲醇	CH_4O	470	461
乙烷	C_2H_6	472	—	乙醇	C_2H_6O	392	—
丙烷	C_3H_8	493	468	乙醛	C_2H_4O	275	159
丁烷	C_4H_{10}	408	283	乙醚	$C_4H_{10}O$	193	182
戊烷	C_5H_{12}	290	258	丙酮	C_3H_6O	561	485
己烷	C_6H_{14}	248	—	醋酸	$C_2H_4O_2$	550	490
庚烷	C_7H_{16}	230	214	二甲醚	C_2H_6O	350	352
辛烷	C_8H_{18}	218	208	二乙醇胺	$C_4H_{11}NO_2$	662	—
壬烷	C_9H_{20}	285	—	甘油	$C_3H_8O_3$	—	320
癸烷(正)	$C_{10}H_{22}$	250	—	石脑油	—	277	—
乙烯	C_2H_4	490	485				
丙烯	C_3H_6	458	—				

1. 物质自燃过程

可燃物质与空气接触,并在热源作用下温度升高,为什么会自行燃烧呢？可燃物质在空气中被加热时,先是开始缓慢氧化并放出热量,该热量将提高可燃物质的温度,促使氧化反应速度加快。但与此同时也存在着向周围的散热损失,亦即同时存在着产热和散热两种情况。当可燃物质氧化产生的热量小于散失的热量时,比如物质受热而达到的温度不高,氧化反应速度慢,产生的热量不多,而且周围的散热条件较好的情况下,可燃物质的温度不能自行上升达到自燃点,可燃物便不能自行燃烧;如果可燃物被加热至较高温度,反应速度较快,或由于散热条件不良,氧化产生的热量不断聚积,温度升高而加快氧化速度,在此情况下,当热的产生量超过散失量时,反应速度的不断加快使温度不断升高,直至达到可燃物的自燃点而发生自燃现象。

可燃物质受热升温发生自燃及其燃烧过程的温度变化情况见图1－5。图中的曲线表明，可燃物在开始加热时，即温度为T_N的一段时间里，由于许多热量消耗于熔化、蒸发或发生分解，因此可燃物的缓慢氧化析出的热量很少并很快散失，可燃物质的温度只是略高于周围的介质。当温度上升达到了T_O时，可燃物质氧化反应速度较快，但由于此时的温度不高，氧化反应析出的热量尚不足以超过向周围的散热量。如不继续加热，温度不再升高，可燃物的氧化过程是不会转为燃烧的；若继续加热升高温度时，由于氧化反应速度加快，除热源作用外，反应析出热量亦较多，可燃物的温度即迅速升高而达到自燃点T_C，此时氧化反应产生的热量与散失的热量相等。当温度再稍为升高超过这种平衡状态时，即使停止加热，温度亦能自行快速升高，但此时火焰暂时还未出现，一直达到较高的温度T'_C时，才出现火焰并燃烧起来。

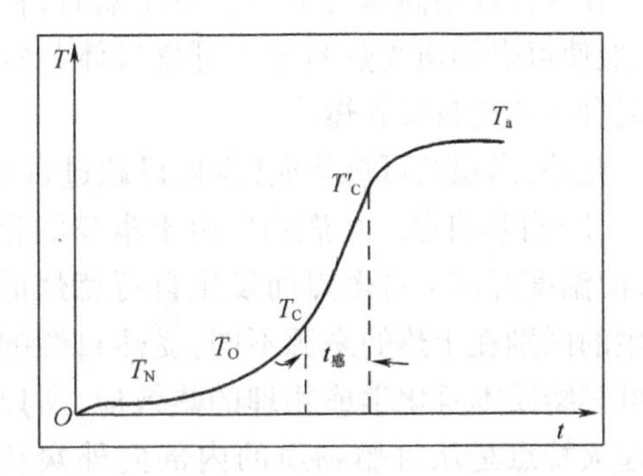

图1－5　物质自燃过程的温度变化

2. 自燃的分类

根据促使可燃物质升温的热量来源不同，自燃可分为受热自燃和自热自燃两种。

(1)受热自燃。可燃物质由于外界加热，温度升高至自燃点而发生自行燃烧的现象为受热自燃。例如，火焰隔锅加热引起锅里油的自燃。

受热自燃是引起火灾事故的重要原因之一，在火灾案例中，有不少是因受热自燃引起的。生产过程中发生受热自燃的原因主要有以下几种。

①可燃物质靠近或接触热量大和温度高的物体时，通过热传导、对流和辐射作用，有可能将可燃物质加热升温到自燃点而引起自燃。例如，可燃物质靠近或接触加热炉、暖气片、电热器、灯泡或烟囱等灼热物体。

②在熬炼(如熬油、熬沥青等)或热处理过程中，温度过高达到可燃物质的自燃点而引起着火。

③由于机器的轴承或加工可燃物质的机器设备相对运动的部件缺乏润滑、冷却或缠绕纤维物质，增大摩擦力，产生大量热量，造成局部过热，引起可燃物质受热自燃。在纺织工业、棉花加工厂等由此原因引起的火灾较多。

④放热的化学反应会释放出大量的热量，有可能引起周围的可燃物质受热自燃。例如，在建筑工地上由于生石灰遇水放热，引起可燃材料的着火事故等。

⑤气体在很高压力下突然被压缩时，释放出的热量来不及导出，温度会骤然增高，能使可燃物质受热自燃。可燃气体与空气的混合气体受绝热压缩时，高温会引起混合气体的自燃和爆炸。

此外，高温的可燃物质（温度已超过自燃点）一旦与空气接触也能引起着火。

（2）自热自燃。可燃物质由于本身的化学反应、物理或生物作用等所产生的热量，使温度升高至自燃点而发生自行燃烧的现象，称为自热自燃。自热自燃与受热自燃的区别在于热的来源不同：受热自燃的热来自外部加热；而自热自燃的热是来自可燃物质本身化学或物理的热效应，所以称自热自燃。在一般情况下，自热自燃的起火特点是从可燃物质的内部向外炭化、延烧；而受热自燃往往是从外部向内延烧。

由于可燃物质的自热自燃不需要外部热源，所以在常温下甚至在低温下也能发生自燃。因此，能够发生自热自燃的可燃物质比其他可燃物质的火灾危险性更大。

热源来自化学反应的自热自燃，如油脂在空气（或氧气）中的自燃。油脂是由于本身的氧化和聚合作用而产生热量，在散热不良造成热量积聚的情况下，使得温度升高达到自燃点而发生燃烧的。因此，油脂中含有能够在常温或低温下氧化的物质越多，其自燃能力就越大；反之；自燃能力就越小。油类可分为动物油、植物油和矿物油三种，其中自燃能力最大的是植物油，其次是动物油，而矿物油如果不是废油或者没有掺入植物油是不能自燃的。有些浸渍矿物质润滑油的纱布或油棉丝堆积起来亦能自燃，这是因为在矿物油中混杂有植物油的缘故。

植物油和动物油是由各种脂肪酸甘油酯组成的，它们的氧化能力主要取决于不饱和脂肪酸甘油酯含量的多少。不饱和脂肪酸有油酸、亚油酸、亚麻酸、桐油酸等，它们分子中的碳原子存在一个或几个双键。例如，桐油酸（$C_{17}H_{29}COOH$）：

$$CH_3(CH_2)_3CH{=}CH{-}CH{=}CH{-}CH{=}CH(CH_2)_7{-}COOH$$

分子结构中有三个双键。

由于双键的存在，不饱和脂肪酸具有较多的自由能，于室温下便能在空气中氧化，同时析出热量：

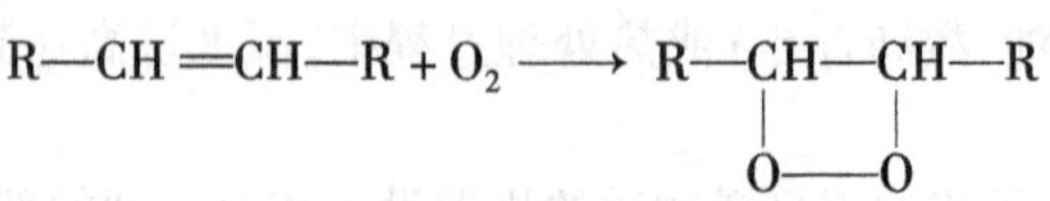

$$R{-}CH{=}CH{-}R + O_2 \longrightarrow R{-}\underset{\displaystyle O\!-\!\!-}{\underset{|}{CH}}{-}\underset{\displaystyle O}{\underset{|}{CH}}{-}R$$

生成的过氧化物易于释放出活性氧原子，使油脂中常温下难于氧化的饱和酸发生氧化：

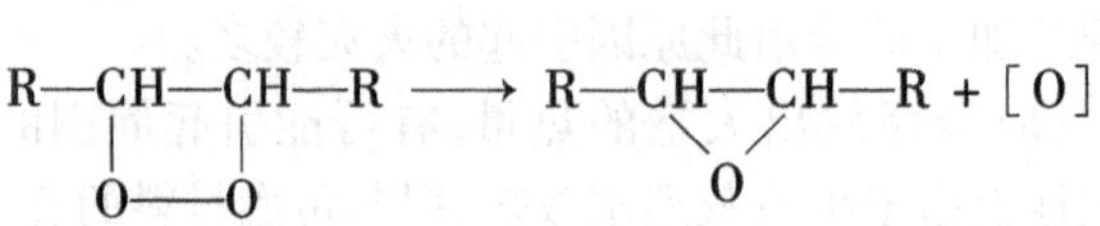

$$R{-}\underset{\displaystyle O\!-\!\!-}{\underset{|}{CH}}{-}\underset{\displaystyle O}{\underset{|}{CH}}{-}R \longrightarrow R{-}\underset{\diagdown}{CH}{-}\underset{\diagup}{CH}{-}R + [O]$$
$$\qquad\qquad\qquad\qquad\qquad O$$

在不饱和脂肪酸发生氧化的同时，它们又按下式进行聚合反应：

$$R-CH=CH-R+\begin{array}{c}R-CH-CH-R\\ \quad | \qquad\ \ | \\ \quad O-O\end{array} = \begin{array}{c}R-CH-CH-R\\ | \qquad | \\ O \qquad O\\ | \qquad | \\ R-CH-CH-R\end{array}$$

不饱和脂肪酸的聚合过程也能在常温下进行，同时析出热量。

综上所述，由于双键具有较高的键能，即不饱和脂肪酸具有较多的自由能，于室温下便能在空气中氧化，并析出热量；而且在不饱和脂肪酸发生氧化的同时，还进行聚合反应，聚合反应过程也能在常温下进行，并析出热量。这种过程如果循环持续地进行下去，在避风散热不良的条件下，由于积热升温，就能使浸渍不饱和油脂的物品自燃。

油脂的自燃还与油和浸油物质的比例、蓄热条件及空气中的氧含量等因素有关。

浸渍油脂的物质如棉纱、碎布等纤维材料发生自燃，既需要有一定数量的油脂，又需要形成较大的氧化表面积。如果浸油量过多，会阻塞纤维材料的大部分小孔，减少其氧化表面，因而产生热量少，温度也就不容易达到自燃点；如果浸油量过少，氧化发生的热量亦少，小于内外散失的热量，也不会发生自燃。因此，油和浸油物质需要有适当的比例，一般为1∶2和1∶3才会发生自燃。

油脂在空气中的自燃，需要在氧化表面积大而散热面积小的情况下才能发生，亦即在蓄热条件好的情况下才能自燃。如果把油浸渍到棉纱、棉布、棉絮、锯屑、铁屑等物质上，就会大大增加油的表面积，氧化时析出的热量也就相应地增加。如果把上述浸渍油脂的物质散开摊成薄薄一层，虽然氧化产生的热量多，但散热面积大，热量损失也多，还是不会发生自燃；如果把上述浸油物质堆积在一起，虽然氧化的表面积不变，但散热的表面积却大大减小，使得氧化时产生的热量超过散失的热量，造成热量积聚和升温，促使氧化反应过程加速，就会发生自燃。

根据有关实验，把破布和旧棉絮用一定数量的植物油浸透，将油布、油棉裹成一团，再用破布包好，把温度计插入其中，使室内保持一定温度，经过一定时间就逐渐呈现出以下自燃特征：

(1)开始无烟无味，当温度升高时，有青烟、微味，而后逐渐变浓；

(2)火由内向外延烧；

(3)燃烧后形成硬质焦化瘤。

有关实验条件和所得的数据见表1-5。

此外，空气中含氧量对自热自燃有重要影响，含氧量越多，越易发生自燃。有关实验表明，将油脂在瓷盘上涂上薄薄一层，于空气中放置时不会自燃；如果用氧气瓶的压缩纯氧喷吹与之接触，先是瓷盘发热，逐渐变为烫手，继而冒烟，然后出现火苗。这是油脂氧化发热引起自热自燃所致 。

表1-5　棉织纤维自燃的实验条件和数据

序号	纤维(kg)	油脂(kg)	纤维与油脂比例	环境温度(℃)	发生自燃时间(h)	自燃点(℃)
1	破布2.5 旧棉0.5	亚麻油1	3:1	30	39	270
2	破布2.5 旧棉0.5	葵花子油1	3:1	20~30	52	210
3	破布3.5 旧棉0.5	桐油1	4:1	26~33	22.5	264
4	破布5 旧棉1	亚麻仁油0.7 豆油0.3 油漆1.5 清油0.5	6:3	30	14	264
5	破布5 旧棉1	亚麻仁油0.7 豆油0.3 油漆1.5 清油0.5	6:3	7~33	36	322

防止油脂自燃的主要方法是：将涂油物品（如油布、油棉纱等）散开存放，尽量扩大散热面积，不应堆放或折叠起来；室内应有良好的通风；凡是装盛氧气的容器、设备、气瓶和管道等，均不得黏附油脂。

煤发生自燃的热量来自物理作用和化学反应，是由于它本身的吸附作用和氧化反应并积聚热量而引起。煤可分为泥煤、褐煤、烟煤和无烟煤四类，除无烟煤之外，都有自燃能力。一般含氢、一氧化碳、甲烷等挥发物质较多，以及含有一些易氧化的不饱和化合物和硫化物的煤，自燃的危险性比较大。无烟煤和焦炭之所以没有自燃能力，就是因为它们所含的挥发物量太少。

煤在低温时氧化速度不大，主要是表面吸附作用。它能吸附蒸气和氧等气体，进行缓慢氧化并使蒸气在煤的表面浓缩而变成液体，放出热量使温度升高，然后煤的氧化速度不断加快，如果散热条件不良，就会积聚热量，使温度继续升高，直到发生自燃。泥煤中含有大量微生物，它的自燃是由于生物作用和化学作用放出热量而引起的。

煤的挥发物含量、粉碎程度、湿度和单位体积的散热量等因素对煤的自燃均有很大的影响。煤中挥发物（甲烷、氢、一氧化碳）含量越高，则氧化能力越强而越易自燃；煤的颗粒越细，进行吸附作用与氧化的表面积越大，吸附能力强，氧化反应速度快，因此析出的热量也越多，所以越易自燃；湿度对煤的自燃过程有很大影响，煤里一般含有铁的硫化物，硫化铁在低温下能发生氧化，煤中水分多，可促使硫化铁加速氧化生成体积较大的硫酸盐，使煤块松散碎裂，暴露出更多的表面，加速煤的氧化，同时硫化铁氧化时还放出热量，从而促进了煤的自燃过程。由此可知，有一定湿度的煤，其自燃能力要大于干燥的煤，这就是雨季里煤炭较易发生自燃的缘故。此外，煤的散热条件越差就越易自燃，若煤堆的高度过大且内部较疏松，即密实程度小、空隙率大，则容易吸附大量空气，结果是有利于氧化和吸附作用，而热量又不易导出，所以就越易自燃。

防止煤自燃的主要措施是限制煤堆的高度并将煤堆压实。如果发现煤堆由于最初的吸附作用和缓慢氧化，温度较高（超过 60℃）时，应及时挖出热煤，用新煤填平；如发现已有局部着火，应将着火的煤挖出，用水冷却，不要立即用水扑救；若发现着火面积较大，可用大量水浇灭。

植物的自燃主要是由生物作用引起的，同时在这个过程中也有化学反应和物理作用。许多植物如稻草、树叶、棉籽及粮食等，一般都附着大量微生物，而且能自燃的植物都含有一定的水分，当大量堆积时，就可能因发热而导致自燃。微生物在一定的温度下生存和繁殖，在其呼吸繁殖过程中会不断产生热量。由于植物的导热性很差，热量不易散失而逐渐积聚，致使堆垛内温度不断升高，达到 70℃以后细菌死亡，但这时植物中的有机化合物即可开始分解而产生多孔的炭，能吸附大量蒸气和氧气。吸附过程是一种放热过程，从而使温度继续升高，达到 100℃，接着又引起新的化合物分解炭化，促使温度不断升高，可达 150～200℃，这时植物中的纤维开始分解，迅速氧化而析出更多的热量。由于反应速度加快，在积热不散的条件下，就会达到自燃点而自行着火。总体来说，影响植物自燃的因素首先是微生物生存的湿度，其次是散热条件。因此，预防植物自燃的基本措施是使植物处于干燥状态并存放在干燥的地方；堆垛不宜过高过大，注意通风；加强检测控制温度，防雨防潮等。

三、着火与着火点

可燃物质在某一点被着火源引燃后，若该点上燃烧所放出的热量足以把邻近的可燃物层提高到燃烧所必需的温度,火焰就会蔓延开来。因此,所谓着火就是可燃物质与火源接触而燃烧,并且在火源移去后仍能保持继续燃烧的现象。

可燃物质着火的最低温度称为着火点或燃点。例如,木材的着火点为295℃,纸张的着火点为130℃。所有固态、液态和气态可燃物质,都有其着火点。常见可燃物质的着火点见表1－6。

表1－6 几种可燃物质的着火点

物质名称	着火点(℃)	物质名称	着火点(℃)
黄磷	30	橡胶	120
松节油	53	纸张	130
樟脑	70	麻绒	150
灯油	86	漆布	165
赛璐珞	100	蜡烛	190
麦草	200	烟叶	222
布匹	200	松木	250
硫	207	醋酸纤维	320
棉花	210	胶布	325
豆油	220	涤纶纤维	390

可燃液体的闪点与着火点的区别是:在着火点时燃烧的不只是蒸气,而且还有液体(即液体已达到燃烧温度,可提供保持稳定燃烧的蒸气)。另外,在闪点时移去火源后闪燃即熄灭;而在着火点时液体则能继续燃烧。液体的着火点可采用测定闪点的开杯法进行测定。

可燃液体的着火点都高于闪点,而且闪点越低的可燃液体,其着火点与闪点的差数越小。例如,汽油、二硫化碳等的着火点与闪点仅相差1℃。因此,着火点对评价可燃固体和闪点较高的可燃液体(闪点在100℃以上)的火灾危险性具有实际意义,控制这类可燃物质的温度在着火点以下是预防火实的有效措施之一。

在火场上,如果有两种燃点不同的物质处在相同的条件下,受到火源作用时,燃点低的物质首先着火,所以,存放燃点低的物质的地方通常是火势蔓延的主要方向。用冷却法灭火,其原理就是将燃烧物质的温度降低到燃点以下,使燃烧停止。

四、物质的燃烧历程

可燃物质在燃烧时,由于状态的不同,会发生不同的变化。比如,可燃液体的燃烧并不是液相与空气直接反应而燃烧，它一般是先受热蒸发为蒸气，然后再与空气混合而燃烧。某些可燃性固体（如硫、磷、石蜡）的燃烧是先受热熔融，再气化为蒸气，而后与空气混合发生燃烧。另一些可燃性固体（如木材、沥青、煤）的燃烧，则是先受热分解，析放出可燃气体和蒸气，然后与空气混合而燃烧，并留下若干固体残渣。由此可见，绝大多数液态和固态可燃物质是在受热后气化或分解成为气态，它们的燃烧是在气态下进行的，并产生火焰。有的可燃固体（如焦炭等）不能挥发出气态的物质，在燃烧时则呈炽热状态，而不呈现出火焰。

由于绝大多数可燃物质的燃烧都是在气态下进行的，故研究燃烧过程应从气体氧化反应的历程着手。物质的燃烧过程如图1－6所示。

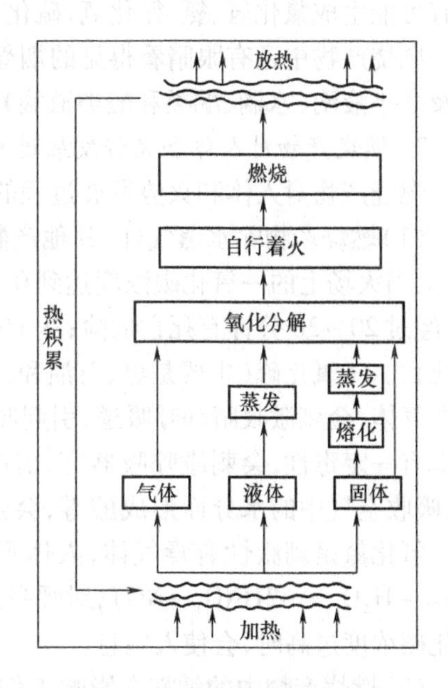

图1－6　物质燃烧的过程

综上所述，根据可燃物质燃烧时的状态不同，燃烧有气相和固相燃烧两种情况。气相燃烧是指在进行燃烧反应过程中，可燃物和助燃物均为气体，这种燃烧的特点总是有火焰产生。气相燃烧是一种最基本的燃烧形式，因为绝大多数可燃物质（包括气态、液体和固态可燃物质）的燃烧都是在气态下进行的。固相燃烧是指在燃烧反应过程中，可燃物质为固态，这种燃烧也称表面燃烧。其特征是燃烧时没有火焰产生，只呈现光和热，例如上述焦炭的燃烧。金属燃烧也属于表面燃烧，无气化过程，燃烧温度较高。

有的可燃物质（如天然纤维物）受热时不熔融，而是首先分解出可燃气体进行气相燃烧，最后剩下的炭不能再分解了，则发生固相燃烧。所以这类可燃物质在燃烧反应过程中，同时存在着气相燃烧和固相燃烧。

五、燃烧产物

发生火灾时，人们会看到熊熊烈火吞噬着大量财富，同时无情地烧伤、烧死未及逃生的在场人员。然而，在火场上威胁人们生命安全的不仅是火焰，还有燃烧产物。

1. 燃烧产物的组成

燃烧产物包括不能再燃烧的生成物，如二氧化碳、二氧化硫、水蒸气、五氧化二磷、二氧化氮等,以及还能继续燃烧的生成物,如一氧化碳、未燃尽的炭和醇类、酮类、醛类等两大类。例如:木材完全燃烧时生成二氧化碳、水蒸气和灰分;在不完全燃烧时,除上列生成物外,还有一氧化碳、甲醇、丙酮、乙醛以及其他干馏产物,这些生成物除了仍具有燃烧性外,有的与空气混合还有爆炸的危险性,如一氧化碳与空气混合能形成爆炸性混合物。

燃烧产物的组成比较复杂,与可燃物质的成分和燃烧条件有关。例如,塑料、橡胶、纤维等各种高分子合成材料,在燃烧时,除生成二氧化碳、一氧化碳和水蒸气外,还有可能生成氯化氢、氨、氰化氢、硫化氢和一氧化氮等有毒或有刺激性的气体。

燃烧产物中还有眼睛看得见的烟雾。是由悬浮于空气中的未燃尽的炭粒、灰分以及微小液滴(水滴、酮类和醛类液滴)等组成的气溶胶。

2. 燃烧产物对人体和火势发展过程的影响

燃烧产物对人体和火势发展过程的影响主要有以下几方面。

(1)燃烧产物除水蒸气外,其他产物大都对人体有害。一氧化碳是窒息性有毒气体,当火场上的一氧化碳浓度达到0.1%时,会使人感到头晕、头痛、作呕;达0.5%时,经过20~30分钟有死亡危险;达1%时,吸气数次后失去知觉,经1~2分钟可中毒死亡。二氧化硫(主要是煤、石油和其他含硫有机物燃烧的生成物)是一种刺激性有毒气体,会刺激眼睛和呼吸道,引起咳嗽,浓度达到0.05%时有生命危险。五氧化二磷有一定毒性,会刺激呼吸器官,引起咳嗽和呕吐。氯化氢是一种刺激性有毒气体,吸收空气中的水分而形成酸雾,会强烈刺激人们的眼睛和呼吸系统。一氧化氮和二氧化氮是刺激性有毒气体,人体吸入后,在肺部遇水分形成硝酸或亚硝酸(如 $3NO_2 + H_2O \longrightarrow 2HNO_3 + NO$),对呼吸系统有强烈的刺激和腐蚀作用。火场上的二氧化碳浓度过高时,会使人窒息。

(2)燃烧产物中的烟雾会影响人们的视力,较高浓度的烟雾会大大降低火场的能见度,使人们迷失方向,找不到逃脱火场的出路,给人员的疏散造成困难。火场上弥漫的烟雾,使灭火人员不易辨别火势发展的方向,不易找到起火的地点,妨碍灭火的行动,不便于抢救受困人员和重要物资。

(3)高温的燃烧产物在强烈热对流和热辐射过程中,可能引起其他可燃物的燃烧,有造成新的火源和促使火势发展的危险。不完全燃烧的产物都能继续燃烧,有的还能与空气混合发生爆炸。

(4)燃烧产物中的完全燃烧产物有阻燃作用。如果火灾发生在一个密闭的空间内,或将着火的房间所有孔洞封闭,随着火势的发展,空气中的氧气逐渐减少,完全燃烧的产物浓度逐渐增高,当达到一定浓度时,燃烧则停止。

物质的化学成分和燃烧条件不同,燃烧生成的烟雾颜色和气味也不同,可据此大致确定是什么物质在燃烧。例如,橡胶燃烧时生成棕黑色烟雾,并带有硫化物的特殊臭味。某些可燃物质燃烧生成烟雾的特征如表1-7所示。燃烧产物的这个特点及其阻燃作用对灭火工作有利。

表1-7　几种可燃物燃烧时烟雾的特征

可燃物质	烟的特征		
	颜色	嗅	味
木材	灰黑色	树脂臭	稍有酸味
石油产品	黑色	石油臭	稍有酸味
磷	白色	大蒜臭	—
镁	白色	—	金属味
硝基化合物	棕黄色	刺激臭	酸味
硫磺	—	硫臭	酸味
橡胶	棕黑色	硫臭	酸味
钾	浓白色	—	碱味
棉和麻	黑褐色	烧纸臭	稍有酸味
丝	—	烧毛皮臭	碱味
粘胶纤维	黑褐色	烧纸臭	稍有酸味
聚氯乙烯纤维	黑色	盐酸臭	稍有酸味
聚乙烯	—	石蜡臭	稍有酸味
聚丙烯	—	石油臭	稍有酸味
聚苯乙烯	浓黑烟	煤气臭	稍有酸味
锦纶	白烟	酰胺类臭	—
有机玻璃	—	芳香	稍有酸味
酚醛塑料(以木粉为填料)	黑烟	木头、甲醛臭	稍有酸味
脲醛塑料	—	甲醛臭	—
璃酸纤维	黑烟	醋臭	酸味

第三节　防火技术基本理论

一、氧化与燃烧

1. 物质的氧化与燃烧现象

物质的氧化反应现象是普遍存在的，由于反应的速度不同，可以体现为一般的氧化现象和燃烧现象。当氧化反应速度比较慢时，如油脂或煤堆在空气中缓慢与氧的化合，铁的氧化生锈等，虽然在氧化反应时也是放热的，但同时又很快散失掉，因而没有发光现象。如果是剧烈的氧化反应，放出光和热，即燃烧。例如：由于散热不良，热量积聚，不断加快煤堆的氧化速度，使温度升高至自燃点而导致煤堆的燃烧；铁在通常情况下被认为是不可燃物质，然而赤热的铁块在纯氧中却会剧烈氧化燃烧；等等。这就是说，氧化和燃烧都是同一种化学反应，只是反应的速度和发生的物理现象（热和光）不同。在生产和日常生活中发生的燃烧现象，大都是可燃物质与空气（氧）的化合反应，也有的是分解反应。

简单的可燃物质燃烧时，只是该物质与氧的化合，如碳和硫的燃烧反应。其反应式为：

$$C + O_2 \longrightarrow CO_2 + Q$$

$$S + O_2 \longrightarrow SO_2 + Q$$

复杂物质的燃烧，先是物质受热分解，然后发生化合反应。例如，丙烷和乙炔的燃烧反应：

$$C_3H_8 + 5O_2 = 3CO_2 + 4H_2O + Q$$

$$2C_2H_2 + 5O_2 = 4CO_2 + 2H_2O + Q$$

而含氧的炸药燃烧时，则是一个复杂的分解反应。例如，硝化甘油的燃烧反应：

$$4C_3H_5(ONO_2)_3 = 12CO_2 + 10H_2O + O_2 + 6N_2$$

2. 燃烧的氧化反应

现已知道，燃烧是一种放热发光的氧化反应，例如：

$$2H_2 + O_2 \xrightarrow{燃烧} H_2O + Q$$

最初，氧化被认为仅是氧气与物质的化合，但现在则被理解为：凡是物质的元素失去电子的反应就是氧化反应。反应中，失掉电子的物质被氧化，而获得电子的物质被还原。以氯和氢的化合为例，其反应式如下：

$$H_2 + Cl_2 \xrightarrow{燃烧} 2HCl + Q$$

氯从氢中取得一个电子,因此,氯在此反应中即为氧化剂。这就是说,氢被氯所氧化并放出热量和呈现出火焰,此时虽然没有氧气参与反应,但发生了燃烧。又如,铁能在硫中燃烧,铜能在氯中燃烧,虽然铁和铜没有和氧化合,但所发生的反应是激烈的氧化反应,并伴有热和光发生。

放热、发光和氧化反应是燃烧现象的三个特征,据此可区别燃烧现象与其他的氧化现象。例如,当电流通过灯泡中的灯丝时,虽然同时放热发光,但没有氧化反应,而是由电能转化为电阻热能的能量转换,属物理现象。还有前述铁的缓慢氧化,没有同时放热发光现象,都不属于燃烧。

二、燃烧的条件

1. 燃烧的必要条件

燃烧是有条件的,它必须是可燃物质、氧化剂和火源这三个基本条件同时存在并且相互作用才能发生。也就是说,发生燃烧的条件必须是可燃物质和氧化剂共同存在,并构成一个燃烧系统;同时,要有导致着火的火源。

(1)可燃物。物质被分成可燃物质、难燃物质和不可燃物质三类。可燃物质是指在火源作用下能被点燃,并且当火源移去后能继续燃烧,直到燃尽的物质,如汽油、木材、纸张等。难燃物质是在火源作用下能被点燃并阴燃,当火源移去后不能继续燃烧的物质,如聚氯乙烯、酚醛塑料等。不可燃物质是在正常情况下不会被点燃的物质,如钢筋、水泥、砖、瓦、灰、砂、石等。可燃物质是防火与防爆的主要研究对象。

凡是能与空气、氧气和其他氧化剂发生剧烈氧化反应的物质,都称为可燃物质。可燃物的种类繁多,按其状态不同可分为气态、液态和固态三类,一般是气体较易燃烧,其次是液体,再次是固体;按其组成不同可分为无机可燃物质和有机可燃物质两类。可燃物较多为有机物,少数为无机物。

无机可燃物质主要包括某些金属单质如生产中常见的铝、镁、钠、钾、钙,以及某些非金属单质,如磷、硫、碳;此外,还有一氧化碳、氢气等。有机可燃物质种类繁多,大部分都含有碳、氢、氧元素,有些还含有少量的氮、硫、磷等。其中,碳是主要成分,其次是氢,它们在燃烧时放出大量热量。硫和磷的燃烧产物会污染环境,对人体有害。

(2)氧化剂。凡具有较强的氧化性能,能与可燃物发生氧化反应的物质称为氧化剂。

氧气是最常见的一种氧化剂,由于空气中含有21%的氧气,因此,人们的生产和生活空间,普遍被这种氧化剂所包围。多数可燃物能在空气中燃烧,也就是说,燃烧的氧化剂这个条件广泛存在着,而且采取防火措施时,在人们工作和生活的场所,它不便被消除。此外,生产中的许多元素和物质如氯、氟、溴、碘,以及硝酸盐、氯酸盐、高锰酸盐、过氧化氢等,都是氧化剂。

(3)着火源。具有一定温度和热量的能源,或者说能引起可燃物质着火的能源称为着火源。

生产和生活中常用的多种能源都有可能转化为着火源。例如:化学能转化为化合热、分解热、聚合热、着火热、自燃热;电能转化为电阻热、电火花、电弧、感应发热、静电发热、雷击发热;机械能转化为摩擦热、压缩热、撞击热;光能转化为热能,以及核能转化为热能。同时,这些能源的能量转化可能形成各种高温表面,如灯泡、汽车排气管、暖气管、烟囱等。还有自然界存在的地热、火山爆发,等等。几种着火源的温度见表 1-8。

表 1-8　几种着火源的温度

着火源名称	火源温度(℃)	着火源名称	火源温度(℃)
火柴焰	500~650	气体灯焰	1 600~2 100
烟头中心	700~800	酒精灯焰	1 180
烟头表面	250	煤油灯焰	700~900
机械火星	1 200	植物油灯焰	500~700
煤炉火焰	1 000	蜡烛焰	640~940
烟囱飞火	600	焊割火星	2 000~3 000
生石灰与水反应	600~700	汽车排气管火星	600~800

2. 燃烧的充分条件

在研究燃烧的条件时还应当注意到,上述燃烧三个基本条件在数量上的变化,也会直接影响燃烧能否发生和持续进行。例如,氧在空气中的浓度降低到 16%~14%时,木材的燃烧即停止。又如,着火源如果不具备一定的温度和足够的热量,燃烧也不会发生。例如,锻件加热炉燃煤炭时飞溅出的火星可以点燃油棉丝或刨花,但如果溅落在大块木材上,就会发现它很快熄灭了,不能引起木材的燃烧,这是因为火星虽然有超过木材着火的温度,但却缺乏足够热量的缘故。实际上,燃烧反应在可燃物、氧化剂和着火源等方面都存在着极限值。因此,燃烧的充分条件有以下几方面。

(1)一定的可燃物浓度。可燃气体或蒸气只有达到一定的浓度时才会发生燃烧。例如:氢气的浓度低于 4%时,便不能点燃;煤油在 20℃时,接触明火也不会燃烧,这是因为在此温度下,煤油蒸气的含量还没有达到燃烧所需浓度的缘故。

(2)一定的含氧量。几种可燃物质燃烧所需要的最低含氧量如表 1－9 所示。

(3)一定的着火源能量,即能引起可燃物质燃烧的最小着火能量。某些可燃物的最小着火能量如表 1－10 所示。

(4)相互作用。燃烧的三个基本条件须相互作用,燃烧才能发生和持续进行。

综上所述,燃烧必须在必要、充分的条件下才能进行。

表 1－9　几种可燃物燃烧所需要的最低含氧量(体积百分比)

可燃物名称	最低含氧量(%)	可燃物名称	最低含氧量(%)
汽油	14.4	乙炔	3.7
乙醇	15.0	氢气	5.9
煤油	15.0	大量棉花	8.0
丙酮	13.0	黄磷	10.0
乙醚	12.0	橡胶屑	12.0
二硫化碳	10.5	蜡烛	16.0

表 1－10　某些可燃物的最小着火能量

物质名称	最小着火能量(MJ)	物质名称	最小着火能量(MJ)	
			粉尘云	粉尘
汽油	0.2	铝粉	10	1.6
氢(28%~30%)	0.019	合成醇酸树脂	20	80
乙炔	0.019	硼	60	—
甲烷(8.5%)	0.28	苯酚树脂	10	40
丙烷(5%~5.5%)	0.26	沥青	20	6
乙醚(5.1%)	0.19	聚乙烯	30	—
甲醇(2.24%)	0.215	聚苯乙烯	15	
呋喃(4.4%)	0.23	砂糖	30	—
苯(2.7%)	0.55	硫黄	15	1.6
丙酮(5.0%)	1.2	钠	45	0.004
甲苯(2.3%)	2.5	肥皂	60	3.84
醋酸乙烯(4.5%)	0.7			

三、火灾及其分类

1. 火灾的概念

广义地说，凡是超出有效范围的燃烧称为火灾。火灾是工伤事故类别中的一类事故。在消防工作中有火灾和火警之分，当人员和财产损失较小时，登记为火警。根据 GB/T 5907.1—2014《消防词汇　第1部分：通用术语》，火灾是指在时间或空间上失去控制的燃烧。

以下情况也列入火灾的统计范围：

(1)民用爆炸物品爆炸引起的火灾。

(2)易燃可燃液体、可燃气体、蒸气、粉尘以及其他化学易燃易爆物品爆炸和爆炸引起的火灾(其中地下矿井部分发生的爆炸，不列入火灾统计范围)。

(3)破坏性试验中引起非实验体燃烧的事故。

(4)机电设备因内部故障导致外部明火燃烧需要组织扑灭的事故，或者引起其他物件燃烧的事故。

(5)车辆、船舶、飞机以及其他交通工具发生的燃烧事故，或者由此引起的其他物件燃烧的事故(飞机因飞行事故而导致本身燃烧的除外)。

2. 火灾的分类

(1)根据国家标准 GB/T 4968—2008《火灾分类》的规定，可燃物的类型和燃烧特性将火灾定义为六个不同的类别。

A 类火灾：固体物质火灾。这种物质通常具有有机物性质，一般在燃烧时能产生灼热的余烬，如木材、棉、毛、麻、纸张火灾。

B 类火灾：液体或可熔化的固体物质火灾。如汽油、煤油、甲醇、乙醇、沥青、石蜡等火灾。

C 类火灾：气体火灾。如煤气、天然气、氢气等气体火灾。

D 类火灾：金属火灾。如钾、钠、镁、钛、锂、镁铝合金等火灾。

E 类火灾：带电火灾。如物体带电燃烧的火灾。

F 类火灾：烹饪器具内的烹饪物火灾。如动植物油脂火灾。

(2)根据2007年6月26日公安部下发的《关于调整火灾等级标准的通知》，新的火灾等级标准由原来的特大火灾、重大火灾、一般火灾三个等级调整为特别重大火灾、重大火灾、较大火灾和一般火灾四个等级。

特别重大火灾：指造成30人以上死亡，或者100人以上重伤，或者1亿元以上直接财产损失的火灾。

重大火灾：指造成10人以上30人以下死亡，或者50人以上100人以下重伤，或者5 000万元以上1亿元以下直接财产损失的火灾。

较大火灾：指造成3人以上10人以下死亡，或者10人以上50人以下重伤，或者1 000万元以上5 000万元以下直接财产损失的火灾。

一般火灾：指造成3人以下死亡，或者10人以下重伤，或者1 000万元以下直接财产损失的火灾。

（注："以上"包括本数，"以下"不包括本数。）

（3）凡在火灾和火灾扑救过程中因烧、摔、砸、炸、窒息、中毒、触电、高温辐射等原因所致的人员伤亡，列入火灾人员伤亡统计范围。其中，死亡以火灾发生后7天内死亡为限，伤残统计标准按原劳动部的有关规定认定。火灾损失分直接财产损失和间接财产损失两项统计，具体计算方法按公安部的有关规定执行。凡在时间或空间上失去控制的燃烧所造成的灾害，都为火灾，所有火灾不论损害大小，都应列入火灾统计范围。所有统计火灾应包括下列火灾：

①易燃、易爆化学物品燃烧爆炸引起的火灾；

②破坏性试验中引起非实验体的燃烧；

③机电设备因内部故障导致外部明火燃烧或者由此引起其他物件的燃烧；

④车辆、船舶、飞机以及其他交通工具发生的燃烧（飞机因飞行事故而导致本身燃烧的除外），或者由此引起其他物件的燃烧。

3. 火灾原因分类

（1）放火。有敌对分子放火、刑事放火、精神病和呆傻人放火、自焚等。

（2）违反电气安装安全规定。导线选用、安装不当，变电设备安装不符合规定，用电设备安装不符合规定，滥用不合格的熔断器，未安装避雷设备或安装不当，未安装排除静电设备或安装不当等。

（3）违反电气使用安全规定。有短路（如导线绝缘老化，导线裸露相碰，导线与导电体搭接，导线受潮或被雨水浸湿，对地短路、电气设备绝缘击穿、插座短路等）、过负荷（如乱用熔断器，电气设备过负荷，熔丝熔断冒火等）、接触不良（如连接松动，导线连接处有杂质，铜铝接头接触点处理不当等）及其他（如电热器接触可燃物，电路接通或短路时冒火，电气设备摩擦发热打火，灯泡破碎，静电放电，导线断裂，忘记切断电源等）。

（4）违反安全操作规程。有焊割（如焊割处有易燃物，焊割设备发生故障，焊割含有易燃物品的设备，违反动火规定等）、烘烤（如超温，烘烤可燃设备，烘烤设备不严密，烘烤物距火源近，无人看管等）、熬炼（如超温，沸溢，熬炼物不合规定，投料有差错等）、化工生产（如原料差错，超温、超压爆燃，冷却中断，混入杂质反应激烈，受压容器缺乏防护设施，操作失误等）、储存运输（如易燃、易爆液体的挥发、外溢，运输、储存货物遇火，化学物品混存，摩擦撞击，车辆故障起火等）及其他（如设备缺乏维修保养，仪器仪表失灵，设备故障，违反用火规定，易燃物接触火源，混入杂质打火，车辆排气管喷出火星，烧荒等）。

（5）吸烟。如乱扔未熄灭的烟头、火柴杆，违章吸烟等。

（6）生活用火不慎。如炉具、炉灶设置使用不当，燃气炉具设备故障及使用不当，煤油炉使用不当，火炕、烟道、烟筒过热、蹿火，死灰复燃，烘烤不慎，照明使用不当，扫墓烧香烧纸等。

（7）玩火。小孩玩火，燃放烟花爆竹等。

（8）自燃。物品受热自燃，植物垛受潮自燃，化学活性物质遇空气自燃及遇水自燃，植物油浸物品摩擦发热自燃，氧化性物质与还原性物质混合接触自燃等。

（9）自然原因。如雷击、风灾、地震及其他原因。

（10）其他原因及原因不明。

四、防火技术的基本理论和应用

1. 防火技术的基本理论

根据燃烧必须是可燃物、助燃物和火源这三个基本条件相互作用才能发生的原理，采取措施，防止燃烧三个基本条件的同时存在或者避免它们的相互作用，这是防火技术的基本理论。所有防火技术措施都是在这个基本理论的指导下采取的，或者可这样说，全部防火技术措施的实质，是防止燃烧基本条件的同时存在或避免它们的相互作用。例如，在汽油库里或操作乙炔发生器时，由于有空气和可燃物（汽油或乙炔）存在，所以规定必须严禁烟火，这就是防止燃烧条件之一——火源存在的一种措施。又如，安全规则规定气焊操作点（火焰）与乙炔发生器之间的距离必须在10m以上，乙炔发生器与氧气瓶之间的距离必须在5m以上，电石库距明火、散发火花的地点必须在30m以上等。采取这些防火技术措施是为了避免燃烧三个基本条件的相互作用。

2. 防火条例分析

下面具体分析电石库防火条例中有关技术措施的规定。有关防火条例如下。

（1）禁止用地下室或半地下室作为电石仓库。

（2）存放电石桶的库房必须设置在不受潮、不漏雨、不易浸水的地方。

（3）电石库应距离锻工、铸工和热处理等散发火花的车间和其他明火30m以上，与架空电力线的间距应不小于电杆高度的1.5倍。

（4）库房应有良好的自然通风系统。

（5）电石库可与可燃易爆物品仓库、氧气瓶库设置在同一座建筑物内，但应以无门、窗、洞的防火墙隔开。

(6)仓库的电器设备应采用密闭式和防爆式;照明灯具和开关应采取防爆型,否则,应将灯具和开关装设在室外,再利用玻璃将光线射入室内。

(7)严禁将热水、自来水和取暖的管道通过库房,应保持库房内干燥。

(8)库房内积存的电石粉末要随时清扫处理,分批倒入电石渣坑里,并用水加以处理。

(9)电石桶进库前应先检查包装有无破损或受潮等,如果发现有鼓包等可疑现象,应立即在室外打开桶盖,将乙炔气放掉,修理后才能入库;禁止在雨天搬运电石桶。

(10)库内应设木架,将电石桶放置在木架上,不得随便放在地面上。

(11)开启电石桶时不能用火焰和可能引起火星的工具,最好用铍铜合金或铜制工具,但其含铜量要低于70%,防止生成乙炔铜。

(12)电石库禁止明火取暖,库内严禁吸烟。

从以上电石库的防火条例中可以看出,其中第(1)(2)(4)(7)(8)(9)(10)条都是说的防止燃烧条件之一——可燃物乙炔气的存在,第(6)(11)(12)条是防止燃烧的另一条件——火源的存在。由于人们要在库内工作,燃烧的条件之一——助燃物空气是不可防止和避免的,防火条例第(3)(5)条则是为了避免燃烧条件的相互作用。

五、防火技术措施的基本原则

从电石库防火条例的分析表明,防火技术措施可以有十几项或几十项,但它们都是在防火技术基本理论的指导下采取的,归纳起来,主要从以下几方面采取技术措施。

1. 消除着火源

研究和分析燃烧的条件说明这样一个事实:防火的基本原则主要应建立在消除火源的基础之上。人们不管是在自己家中或办公室里还是在生产现场,都经常处在或多或少的各种可燃物质包围之中,而这些物质又存在于人们生活所必不可少的空气中。这就是说,具备了引起火灾燃烧的三个基本条件中的两个条件。结论很简单——消除火源。只有这样,才能在绝大多数情况下满足预防火灾和爆炸的基本要求。可以说,火灾原因调查实际上就是查出是哪种着火源引起的火灾。

消除着火源的措施很多,如安装防爆灯具,禁止烟火,接地避雷,隔离和控温等。

2. 控制可燃物

防止燃烧三个基本条件中的任何一条,都可防止火灾的发生。如果采取消除燃烧条件中的两条,就更具安全可靠性。例如,在电石库防火条件中,通常采取防止火源和防止产生可燃物乙炔的各种有关措施。

控制可燃物的措施主要有:在生活中和生产的可能条件下,以难燃和不燃材料代替可燃材料,例如:用水泥代替木材建筑房屋;降低可燃物质(可燃气体、蒸气和粉尘)在空气中的浓度,如在车间或库房采取全面通风或局部排风,使可燃物不易积聚,从而不会超过最高允许浓度;防止可燃物质的跑、冒、滴、漏;对于那些相互作用能产生可燃气体或蒸气的物品应加以隔离,分开存放。以电石库为例,电石与水接触会相互作用产生乙炔气,所以必须采取防潮措施,禁止自来水管道、热水管道通过电石库,等等。

3. 隔绝空气

在必要时可以使生产在真空条件下进行,在设备容器中充装惰性介质保护。例如:水入电石式乙炔发生器在加料后,应采取惰性介质氮气吹扫;燃料容器在检修焊补(动火)前,用惰性介质置换等。也可将可燃物隔绝空气贮存,如钠存于煤油中、磷存于水中、二硫化碳用水封存放,等等。

4. 防止形成新的燃烧条件,阻止火灾范围的扩大

设置阻火装置,例如:在乙炔发生器上设置水封回火防止器,或水下气割时在割炬与胶管之间设置阻火器,一旦发生回火,可阻止火焰进入乙炔罐内,或阻止火焰在管道里蔓延;在车间或仓库里筑防火墙,或在建筑物之间留防火间距,一旦发生火灾,使之不能形成新的燃烧条件,从而防止火灾范围扩大。

综上所述,一切防火技术措施都包括两个方面:一是防止燃烧基本条件的产生;二是避免燃烧基本条件的相互作用。

六、灭火技术的基本理论和应用

一旦发生火灾,只要消除燃烧条件中的任何一条,火就会熄灭,这就是灭火技术的基本理论。在此基本理论指导下,常用的灭火方法有隔离、冷却和窒熄(隔绝空气)等。

1. 隔离法

隔离法就是将可燃物与着火源(火场)隔离开来,燃烧会因而停止。例如,装盛可燃气体、可燃液体的容器或管道发生着火事故或容器管道周围着火时,应立即采取以下措施。

(1)设法关闭容器与管道的阀门,使可燃物与火源隔离,阻止可燃物进入着火区。

(2)将可燃物从着火区搬走,或在火场及其邻近的可燃物之间形成一道“水墙”

加以隔离。

(3)阻拦正在流散的可燃液体进入火场,拆除与火源毗连的易燃建筑物等。

2. 冷却法

冷却法就是将燃烧物的温度降至着火点(燃点)以下,使燃烧停止;或者将邻近着火场的可燃物温度降低,避免形成新的燃烧条件。如常用水或干冰(固态的二氧化碳)进行降温灭火。

3. 窒熄法

窒熄法就是消除燃烧的条件之一——助燃物(空气、氧气或其他氧化剂),使燃烧停止。主要是采取措施,阻止助燃物进入燃烧区,或者用惰性介质和阻燃性物质冲淡稀释助燃物,使燃烧得不到足够的氧化剂而熄灭。采取窒熄法的常用措施有:将灭火剂如四氯化碳、二氧化碳、泡沫灭火剂等不燃气体或液体喷洒覆盖在燃烧物表面上,使之不与助燃物接触;用惰性介质或水蒸气充满容器设备,将正在着火的容器设备封严密闭;用不燃或难燃材料捂盖燃烧物;等等。

4. 化学抑制灭火法

化学抑制灭火是根据链式燃烧反应原理,通过化学干扰抑制火焰,中断燃烧连锁反应的灭火方法。就是使灭火剂参与到燃烧反应过程中去,使燃烧过程中产生游离基消失,而形成稳定分子或低活性的游离基,使燃烧反应因缺少游离基而停止。例如,向燃烧物上直接喷射卤代烷、干粉等灭火剂,覆盖火焰,中断燃烧,等等。

第四节　热值与燃烧温度

一、热值

我们知道,1mol 的物质与氧气进行完全燃烧反应时所放出的热量,叫作该物质的燃烧热。例如,1mol 乙烷完全燃烧时,放出 130.6×10^4J 的热量,这些热量就是乙炔的燃烧热,其反应式为:

$$C_2H_2 + 2.5O_2 = 2CO_2 + H_2O + 130.6 \times 10^4 J$$

不同物质燃烧时放出的热量亦不相同。所谓热值,是指单位质量或单位体积的可燃物质完全燃烧时所放出的热量,可燃性固体或可燃性液体的热值以"J/kg"表示;可燃气体的热值以"J/m^3"表示。可燃物质燃烧爆炸时所能达到的最高温度、最高压力及爆炸力等与物质的热值有关。某些物质的燃烧热、热值和燃烧温度见表1-11。

表 1－11　某些物质的燃烧热、热值和燃烧温度

物质的名称	燃烧热 J/mol	热值		燃烧温度 (℃)
		J/kg	J/m³	
碳氢化合物:				
甲烷	882 577	—	39 400 719	1 800
乙烷	1 542 417	—	69 333 408	1 895
苯	3 279 939	420 500 000	—	—
乙炔	1 306 282	—	58 320 000	2 127
醇类:				
甲醇	715 524	23 864 760	—	1 100
乙醇	1 373 270	30 900 694	—	1 180
酮、醚类:				
丙酮	1 787 764	30 915 331	—	1 000
乙醚	2 728 538	36 873 148	—	2 861
石油及其产品:				
原油	—	43 961 400	—	1 100
汽油	—	46 892 160	—	1 200
煤油	—	41 449 320 ~ 46 054 800	—	700 ~ 1 030
煤和其他物品:				
无烟煤	241 997	31 401 000	—	2 130
氢气		—	10 805 293	1 600
煤气		32 657 040		1 850
木材		7 117 560 ~ 14 653 800		1 000 ~ 1 177
镁	61 435	25 120 300		3 000
一氧化碳	285 624	—	—	1 680
硫	334 107	10 437 692	—	1 820
二硫化碳	1 032,465	14 036 666	12 748 806	2 195
硫化氢	543 028	—	—	2 110
液化气		—	10 467 000 ~ 113 800 000	2 020
天然气		—	35 462 196 ~ 39 523 392	2 120
石油气		—	38 434 824 ~ 42 161 076	
磷		24 970 075		
棉花		17 584 560		

可燃物质的热值是用量热法测定出来的,或者根据物质的元素组成用经验公式计算。

1. 气态可燃物热值的计算

可燃物质如果是气态的单质和化合物,其热值可按下式计算:

$$Q = \frac{1\,000 \times Q_r}{22.4} \tag{1-1}$$

式中:Q——可燃气体的热值,J/m^3;

Q_r——可燃气体的燃烧热,J/mol。

[例1]试求乙炔的热值。

[解]从表1-11中查得乙炔的燃烧热为130.6×10^4 J/mol,代入式(1-1):

$$Q = \left(\frac{1\,000 \times 130.6 \times 10^4}{22.4}\right) J/m^3 = 5.83 \times 10^7 J/m^3$$

答:乙炔的热值为$5.83 \times 10^7 J/m^3$。

2. 液态或固态可燃物热值的计算

可燃物质如果是液态或固态的单质和化合物,其热值可按下式计算:

$$Q = \frac{1\,000 \times Q_r}{M} \tag{1-2}$$

式中:M——可燃液体或固体的摩尔质量。

[例2]试求苯的热值(苯的摩尔质量为78)。

[解]从表1-11查得苯的燃烧热为328×10^4 J/mol,代入式(1-2):

$$Q = \frac{1\,000 \times 328 \times 10^4}{78} = 4.21 \times 10^7 J/kg$$

答:苯的热值为4.21×10^7 J/kg。

3. 组成复杂的可燃物热值的计算

对于组成比较复杂的可燃物,如石油、煤炭、木材等,其热值可采用门捷列夫经验公式计算其高热值和低热值。高热值是指单位质量的燃料完全燃烧,生成的水蒸气也全部冷凝成水时所放出的热量;低热值是指单位质量的燃料完全燃烧,生成的水蒸气不冷凝成水时所放出的热量。门捷列夫经验公式如下:

$$Q_h = 81w_c + 300w_{H_2} - 26(w_{O_2} - w_S) \tag{1-3}$$

$$Q_1 = 81w_c + 300w_{H_2} - 26(w_{O_2} - w_S) - 6(9w_{H_2} + w_{H_2O}) \tag{1-4}$$

式中:Q_h、Q_1——可燃物质的高热值和低热值,kcal/kg;

w_c——可燃物质中碳的质量分数,%;

w_{H_2}——可燃物质中氢的质量分数,%;

w_{O_2}——可燃物质中氧的质量分数,%;
w_S——可燃物质中硫的质量分数,%;
w_{H_2O}——可燃物质中水分的质量分数,%。

[例3]试求5kg木材的低热值。木材的成分:w_c为43%,w_{H_2}为7%,w_{O_2}为41%,w_S为2%,w_{H_2O}为7%。

[解]将已知物质的质量分数代入式(1-4),得:

$$Q=\{[81\times43+300\times7-26(41-2)-6(9\times7+7)]\times4.184\times10^3\}\text{J/kg}$$
$$=1.74\times10^7\text{J/kg}$$

则5kg木材的低热值为:

$$(5\times1.74\times10^7)\text{J}=8.68\times10^7\text{J}$$

答:5kg木材的低热值为8.68×10^7J。

二、燃烧温度

可燃物质燃烧时所放出的热量,一部分被火焰辐射散失,而大部分则消耗在加热燃烧产物上。由于可燃物质燃烧所产生的热量是在火焰燃烧区域内析出的,因而火焰温度也就是燃烧温度。某些可燃物质的燃烧温度见表1-11。

课后习题

1. 燃烧有哪些类型?
2. 请分析不同相态物质的燃烧过程。
3. 燃烧产物有哪些?在火灾现场的火灾危害性如何?
4. 产生火灾的原因有哪些?火灾如何分类?
5. 灭火有哪些理论?

第二章 防爆基本原理

爆炸发生时常常会伴有不同的现象。例如,在气焊操作中一旦乙炔罐发生爆炸,人们会忽然听到一声巨响,看到炸坏的罐体带着高温爆炸气体、火光和浓烟腾空而起,如果爆炸发生于室内,还会有建筑物的碎片向四处飞去……由于爆炸事故是在意想不到的情况下突然发生的,因此人们往往认为爆炸是难以预防的,甚至会产生一种侥幸心理。实际上,只要认真研究爆炸的过程及其规律,采取有效的防护措施,生产和生活中的这类事故是可以预防的。

第一节 爆炸机理

一、爆炸及其分类

1. 爆炸的特征

广义地说,爆炸是物质在瞬间以机械功的形式释放出大量气体和能量的现象。由于物质状态的急剧变化,爆炸发生时会使压力猛烈增高并产生巨大的声响。

所谓"瞬间",就是说爆炸发生于极短的时间内,通常是在1s之内完成。例如,乙炔罐里的乙炔与氧气混合发生爆炸时,大约在1/100s内完成下列化学反应:

$$2C_2H_2 + 5O_2 = 4CO_2 + 2H_2O + Q$$

同时释放出大量热能和二氧化碳、水蒸气等气体,能使罐内压力升高10~13倍,其爆炸威力可以使罐体升空20~30m。这种克服地心引力,将重物举高一段距离的,则是机械功。

人们正是利用爆炸时的这种机械功,在采矿和修筑铁路、水库等时,开山放炮,用来移山倒海,大大地加快了工程的进度,使得用手工和一般工具难以完成的任务得以实现。又如,用于生活中汽车、摩托车的动力——内燃机汽缸里的爆炸,以及用于军事上的爆炸,等等。我国最早发明火药,对促进物质文明建设做出了重大的贡献。但是,爆炸一旦失去控制,就会酿成工伤事故,造成人身和财产的巨大损失,使生产受到严重影响。

爆炸的内部特征是物质发生爆炸时,产生的大量气体和能量在有限体积内突然释放或急骤转化，并在极短时间内，在有限体积中积聚，造成高温高压。爆炸的外部特征是爆炸介质在压力作用下，对周围物体(容器或建筑物等)形成急剧突跃压力的冲击，或者造成机械性破坏效应，以及周围介质受震动而产生的声响效应。

应当指出，生产中某些完全密闭的耐压容器，虽然其中的可燃混合气发生爆炸，但由于容器是足够耐压的，所以容器并没有被破坏，这说明爆炸和容器设备的破坏没有必然的联系。容器的破坏不仅可以由爆炸引起，而且其他物理原因(如器内介质的体积膨胀，使压力上升)也同样可以引起一般的破坏现象。因此，压力的瞬时急剧升高才是爆炸的主要特征。

2. 爆炸的分类

(1)按照爆炸能量来源的不同，爆炸可分为以下三类。

①物理性爆炸。这是由物理变化(温度、体积和压力等物理因素)引起的。在物理性爆炸的前后，爆炸物质的性质及化学成分均不改变。

锅炉的爆炸是典型的物理性爆炸，其原因是过热的水迅速蒸发出大量蒸汽，使蒸汽压力不断提高，当压力超过锅炉的极限强度时，就会发生爆炸。又如，氧气钢瓶受热升温，引起气体压力提高，当压力超过钢瓶的极限强度时即发生爆炸。发生物理性爆炸时，气体或蒸汽等介质潜藏的能量在瞬间释放出来，会造成巨大的破坏和伤害。例如，某钢厂一列拖着钢渣罐的火车开到矿渣厂，在卸车时突然有三个钢渣罐(钢渣有上千摄氏度高温)先后滚到水塘里，顿时听到一声又一声巨响，发生了蒸汽爆炸(水变成500℃的蒸汽时，体积将增大3 500倍)！只见钢渣罐像火球一样飞向空中，有一个罐飞出70m远并落在工棚上，引起工棚着火，另外两个罐飞到101m远的修建队仓库以及附近的房屋，共烧毁1 000多平方米建筑物，烧死、烧伤多人，有几个重伤人员在抢救中死去。

上述这些物理性爆炸是蒸汽和气体膨胀力作用的瞬时表现，它们的破坏性取决于蒸汽或气体的压力。

②化学性爆炸。这是物质在短时间内完成化学变化，形成其他物质，同时产生大量气体和能量的现象。例如，用来制作炸药的硝化棉在爆炸时放出大量热量，同时生成大量气体(CO，CO_2，H_2和水蒸气等)，爆炸时的体积竟会突然增大47万倍，燃烧在几万分之一秒内完成。由于一方面生成大量气体和热量，另一方面燃烧速度又极快，瞬时生成的大量高温气体来不及膨胀和扩散，因此仍保持着很小的体积。由于气体的压力同体积成反比，$pV=K$(常数)，气体的体积越小，压力就越大，而且这个压力产生极快，因而对周围物体的作用就像急剧的一击，这一击连最坚固的钢板、最坚硬的岩石也经受不住。同时，爆炸还会产生强大的冲击波，这种冲击波不仅能推倒建筑物，也对在场人员具有杀伤作用。

化学反应的高速度,同时产生大量气体和大量热量,这是化学性爆炸的三个基本要素。

③核爆炸。这是某些物质的原子核发生裂变反应或聚变反应时,释放出巨大能量而发生的爆炸,如原子弹、氢弹的爆炸。

工矿企业的爆炸事故以化学性爆炸居多,本书着重讨论化学性爆炸。

(2)按照爆炸反应的相的不同,爆炸可分为以下三类。

①气相爆炸。它包括可燃性气体和助燃性气体混合物的爆炸;气体的分解爆炸;液体被喷成雾状物在剧烈燃烧时引起的爆炸,称喷雾爆炸;飞扬悬浮于空气中的可燃粉尘引起的爆炸等。气相爆炸的分类见表2-1。

表2-1　气相爆炸类别

类别	爆炸原因	举例
混合气体爆炸	可燃性气体和助燃气体以适当的浓度混合,由于燃烧波或爆炸波的传播而引起的爆炸	空气和氢气、丙烷、乙醚等混合气的爆炸
气体的分解爆炸	单一气体由于分解反应产生大量的反应热引起的爆炸	乙炔、乙烯、氯乙烯等在分解时引起的爆炸
粉尘爆炸	空气中飞散的易燃性粉尘,由于剧烈燃烧引起的爆炸	空气中飞散的铝粉、镁粉等引起的爆炸
喷雾爆炸	空气中易燃液体被喷成雾状物,在剧烈的燃烧时引起的爆炸	油压机喷出的油珠、喷漆作业引起的爆炸

②液相爆炸。它包括聚合爆炸、蒸发爆炸以及由不同液体混合所引起的爆炸。例如:硝酸和油脂,液氧和煤粉等混合时引起的爆炸;熔融的矿渣与水接触或钢水包与水接触时,由于过热发生快速蒸发引起的蒸汽爆炸等。液相爆炸举例见表2-2。

③固相爆炸。它包括爆炸性化合物及其他爆炸性物质的爆炸(如乙炔铜的爆炸);导线因电流过载,由于过热,金属迅速气化而引起的爆炸等。固相爆炸举例见表2-2。

表2-2　液相、固相爆炸类别

类别	爆炸原因	举例
混合危险物质的爆炸	氧化性物质与还原性物质或其他物质混合引起爆炸	硝酸和油脂、液氧和煤粉、高锰酸钾和浓酸、无水顺丁烯二酸和烧碱等混合时引起的爆炸

续表

类别	爆炸原因	举例
易爆化合物的爆炸	有机过氧化物、硝基化合物、硝酸酯等燃烧引起爆炸和某些化合物的分解反应引起爆炸	丁酮过氧化物、三硝基甲苯、硝基甘油等的爆炸;偶氮化铅、乙炔酮等的爆炸
导线爆炸	在有过载电流流过时,使导线过热,金属迅速气化而引起爆炸	导线因电流过载而引起的爆炸
蒸汽爆炸	由于过热,发生快速蒸发而引起爆炸	熔融的矿渣与水接触,钢水与水混合产生蒸汽爆炸
固相转化时造成爆炸	固相相互转化时放出热量,造成空气急速膨胀而引起爆炸	无定形锑转化成结晶形锑时,由于放热而造成爆炸

(3)按照爆炸的瞬时燃烧速度的不同,爆炸可分为以下三类。

①轻爆。物质爆炸时的燃烧速度为每秒数米,爆炸时无多大破坏力,声响也不太大。例如,无烟火药在空气中的快速燃烧,可燃气体混合物在接近爆炸浓度上限或下限时的爆炸即属于此类。

②爆炸。物质爆炸时的燃烧速度为每秒十几米至数百米,爆炸时能在爆炸点引起压力激增,有较大的破坏力,有震耳的声响。可燃性气体混合物在多数情况下的爆炸,以及被压榨火药遇火源引起的爆炸等即属于此类。

③爆轰。物质爆炸时的燃烧速度为1 000～7 000m/s。爆轰时的特点是突然引起极高压力并产生超音速的"冲击波"。由于在极短时间内发生的燃烧产物急速膨胀,像活塞一样挤压其周围气体,反应所产生的能量有一部分传给被压缩的气体层,于是形成的冲击波由它本身的能量所支持,迅速传播并能远离爆轰的发源地而独立存在,同时可引起该处的其他爆炸性气体混合物或炸药发生爆炸,从而产生一种"殉爆"现象。某些气体混合物的爆轰速度见表2－3。

表2－3　某气体混合物的爆轰速度

混合气体	混合体积百分比(%)	爆轰速度(m/s)	混合气体	混合体积百分比(%)	爆轰速度(m/s)
乙醇－空气	6.2	1 690	甲烷－氧	33.3	2 146
乙烯－空气	9.1	1 734	苯－氧	11.8	2 206
一氧化碳－氧	66.7	1 264	乙炔－氧	40.0	2 716
二硫化碳－氧	25.0	1 800	氢－氧	66.7	2 821

为防止殉爆的发生，应保持使空气冲击波失去引起殉爆能力的距离，其安全间距按下式计算：

$$S = K\sqrt{g} \tag{2-1}$$

式中：S——不引起殉爆的安全间距，m；

g——爆炸物的质量，kg；

K——系数。K 平均值取 1～5（有围墙取 1，无围墙取 5）。

二、爆炸的破坏作用

1. 冲击波

爆炸形成的高温、高压、高能量密度的气体产物，以极高的速度向周围膨胀，强烈压缩周围的静止空气，使其压力、密度和温度突跃升高，像活塞运动一样推向前进，产生波状气压向四周扩散冲击。这种冲击波能造成附近建筑物的破坏，其破坏程度与冲击波能量的大小有关，与建筑物的坚固程度及其与产生冲击波的中心距离有关。

2. 碎片冲击

爆炸的机械破坏效应会使容器、设备、装置以及建筑材料等的碎片，在相当大的范围内飞散而造成伤害。碎片的四处飞散距离一般可达 100～500m。

3. 震荡作用

爆炸发生时，特别是较猛烈的爆炸往往会引起短暂的地震波。例如，某市的亚麻厂发生麻尘爆炸时，有连续三次爆炸，结果在该市地震局的地震检测仪上，记录了在 7s 之内的曲线上出现有三次高峰。在爆炸波及的范围内，这种地震波会造成建筑物的震荡、开裂、松散倒塌等危害。

4. 造成二次事故

发生爆炸时，如果车间、库房（如制氢车间、汽油库或其他建筑物）里存放有可燃物资，会造成火灾；高空作业人员受冲击波或震荡作用，会造成高处坠落事故；粉尘作业场所轻微的爆炸冲击波会使积存于地面上的粉尘扬起，造成更大范围的二次爆炸；等等。

三、分解爆炸

具有分解爆炸特性的物质如乙炔（C_2H_2）、叠氮铅[$Pb(N_2)_2$]等，在温度、压力或摩擦撞击等外界因素作用下，会发生爆炸性分解。因此在生产中必须采取相应的防护措施，防止发生这类事故。

1. 气体的分解爆炸

能够发生爆炸性分解的气体,在温度、压力等作用下的分解反应,会释放相当数量的热量,从而给燃爆提供了所需的能量。生产中常见的乙炔、乙烯、环氧乙烷、二氧化氮和二烯等气体,都具有发生分解爆炸的危险。

以乙炔为例,当乙炔受热或受压容易发生聚合、加成、取代和爆炸性分解等化学反应。温度达到200~300℃时,乙炔分子就开始发生聚合反应,形成其他更复杂的化合物。例如,形成苯(C_6H_6)、苯乙烯(C_8H_8)等的聚合反应时放出热量:

$$3C_2H_2 \longrightarrow C_6H_6 + 630J/mol$$

放出的热量使乙炔的温度升高,促使聚合反应的加强和加速,从而放出更多的热量,以致形成恶性循环,最后当温度达到700℃,压力超过0.15 MPa时,未聚合反应的乙炔分子就会发生爆炸性分解。

乙炔是吸热化合物,即由元素组成乙炔时需要消耗大量的热。当乙炔分解时即放出它在生成时所吸收的全部热量:

$$C_2H_2 \longrightarrow 2C + H_2 + 226.04J/mol$$

分解时的生成物是细粒固体碳及氢气,如果这种分解是在密闭容器(如乙炔贮罐、乙炔发生器或乙炔瓶)内进行的,则由于温度的升高,压力急剧增大10~13倍而引起容器的爆炸。由此可知,如果在乙炔的聚合反应过程能及时地导出大量的热,则可避免发生爆炸性分解。

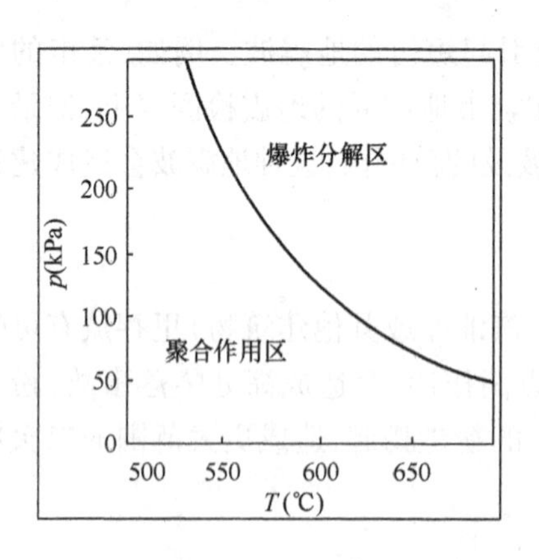

图2-1 乙炔的聚合作用与爆炸分解范围

增加压力也能促使和加速乙炔的聚合及分解反应。温度和压力对乙炔的聚合与爆炸分解的影响可用图2-1所示的曲线来表示。图中的曲线表明,压力越高,由于聚合反应促成分解爆炸所需的温度就越低;温度越高,在较低的压力下就会发生爆炸性分解。

此外,乙烯在高压下的分解反应式为:

$$C_2H_4 \longrightarrow C + CH_4 + 127.8J/mol$$

分解爆炸所需的能量,随压力的升高而降低。

氮氧化物在一定压力下也会产生分解爆炸,其分解反应式为:

$$N_2O \longrightarrow N_2 + \frac{1}{2}O_2 + 81.9J/mol$$

$$NO \longrightarrow \frac{1}{2}N_2 + \frac{1}{2}O_2 + 90.7J/mol$$

在高压下容易引起分解爆炸的气体，当压力降至某数值时，就不再发生分解爆炸，此压力称为分解爆炸的临界压力。乙炔分解爆炸的临界压力为0.14MPa，N_2O为0.25MPa，NO为0.15MPa，乙烯在0℃下的分解爆炸临界压力为4MPa。

2. 简单分解的爆炸性物质

这类物质在爆炸时分解为元素，并在分解过程中产生热量，如乙炔银、乙炔铜、碘化氮、叠氮铅等。乙炔银受摩擦或撞击时的分解爆炸反应式为：

$$Ag_2C_2 \longrightarrow 2Ag + 2C + Q$$

简单分解的爆炸性物质很不稳定，受摩擦、撞击，甚至轻微震动都可能发生爆炸，其危险性很大。例如，某化工厂的乙炔发生器出气接头损坏后，焊工用紫铜做成接头，使用了一段时间，发现出气孔被黏性杂质堵塞，则用铁丝去捅，正在来回捅的时候，突然发生爆炸，该焊工当场被炸死亡。起初找不出事故原因，后来经省化工局派出调查组调查，才确定事故原因是由于铁丝与接头出气孔内表面的乙炔铜互相摩擦，引起乙炔铜的分解爆炸。该事故原因也说明为什么安全规程规定，与乙炔接触的设备零件，不得用含铜量超过70%的铜合金制作。

3. 复杂分解的爆炸性物质

这类物质包括各种含氧炸药和烟花爆竹等。其危险性较简单分解的爆炸物稍低。含氧炸药在发生爆炸时伴有燃烧反应，燃烧所需的氧由物质本身分解供给。苦味酸、梯恩梯、硝化棉等都属于此类。例如，硝化甘油的分解爆炸反应式为：

$$4C_3H_5(ONO_2)_3 = 12CO_2 + 10H_2O + O_2 + 6N_2 + Q$$

四、可燃性混合物爆炸

1. 燃爆特性

可燃性混合物是指由可燃物质与助燃物质组成的爆炸物质，所有可燃气体、蒸气和可燃粉尘与空气（或氧气）组成的混合物均属此类。例如，一氧化碳与空气混合的爆炸反应：

$$2CO + O_2 + 3.76N_2 = 2CO_2 + 3.76N_2 + Q$$

这类爆炸实际上是在火源作用下的一种瞬间燃烧反应。

通常称可燃性混合物为有爆炸危险的物质，它们只是在适当的条件下才变为危险的物质。这些条件包括可燃物质的含量、氧化剂含量以及点火源的能量等。可燃性混合物的爆炸危险性较低，但较普遍，工业生产中遇到的主要是这类爆炸事故。因此，下面将着重讨论可燃性混合物的危险性及其安全措施。

2. 爆炸极限

可燃气体、可燃蒸气或可燃粉尘与空气构成的混合物，并不是在任何混合比例之下都有着火和爆炸的危险，而必须是在一定的比例范围内混合才能发生燃爆。混合的比例不同，其爆炸的危险程度亦不相同。例如，由一氧化碳与空气构成的混合物在火源作用下的燃爆实验情况见表 2－4。

表 2－4　CO 与空气混合在火源作用下的燃爆情况

CO 在混合气中所占体积(%)	燃爆情况
<12.5	不燃不爆
12.5	轻度燃爆
>12.5 ~ <30	燃爆逐渐加强
30	燃爆最强烈
>30 ~ <80	燃爆逐渐减弱
80	轻度燃爆
>80	不燃不爆

表 2－4 所列的混合比例及其相对应的燃爆情况，清楚地说明可燃性混合物有一个发生燃烧和爆炸的浓度范围，亦即有一个最低浓度和最高浓度，混合物中的可燃物只有在这两个浓度之间，才会有燃爆危险。

可燃物质（可燃气体、蒸气和粉尘）与空气（或氧气）必须在一定的浓度范围内均匀混合，形成预混气，遇着火源才会发生爆炸，这个浓度范围称为爆炸极限（或爆炸浓度极限）。可燃物质的爆炸极限受诸多因素的影响。例如：可燃气体的爆炸极限受温度、压力、氧含量、能量等影响；可燃粉尘的爆炸极限受分散度、湿度、温度和惰性粉尘等影响（详见第三章）。

可燃气体和蒸气爆炸极限的单位，是以其在混合物中所占体积的百分比来表示的。如上面所列一氧化碳与空气混合物的爆炸极限为 12.5% ~80%。可燃粉尘的爆炸极限是以其在单位体积混合物中的质量数（g/m^3）来表示的，例如铝粉的爆炸极限为 $40g/m^3$。可燃性混合物能够发生爆炸的最低浓度和最高浓度，分别称为爆炸下限和爆炸上限，如上述的 12.5% 和 80%。这两者有时亦称为着火下限和着火上限。在低于爆炸下限和高于爆炸上限浓度时，既不爆炸，也不着火。这是由于前者的可燃物浓度不够，过量空气的冷却作用阻止了火焰的蔓延；而后者则是空气不足，火焰不能蔓延的缘故。也正因为如此，可燃性混合物的浓度大致相当于完全反应的浓度

（上述的30%）时，具有最大的爆炸威力。完全反应的浓度可根据燃烧反应式计算出来。

可燃性混合物的爆炸极限范围越宽，其爆炸危险性越高，这是因为爆炸极限越宽，则出现爆炸条件的机会就多。爆炸下限越低，少量可燃物（如可燃气体稍有泄漏）就会形成爆炸条件；爆炸上限越高，则有少量空气渗入容器，就能与容器内的可燃物混合形成爆炸条件。生产过程中，应根据各种可燃物所具有爆炸极限的不同特点，采取严防跑、冒、滴、漏和严格限制外部空气渗入容器与管道内等安全措施。应当指出，可燃性混合物的浓度高于爆炸上限时，虽然不会着火和爆炸，但当它从容器或管道里逸出，重新接触空气时却能燃烧，因此仍有发生着火的危险。

五、燃烧和化学性爆炸的关系

分析和比较燃烧与可燃物质化学性爆炸的条件可以看出，两者都需具备可燃物、氧化剂和火源这三种基本因素。因此，燃烧和化学性爆炸就其本质来说是相同的，都是可燃物质的氧化反应，而它们的主要区别在于氧化反应速度不同。例如，1kg整块煤完全燃烧时需要10min，而1kg煤气与空气混合发生爆炸时，只需0.2s，两者的燃烧热值都是2 931kJ左右（1kg物质燃烧时所放出的热量，即为该物质的燃烧热值。物质的燃烧热值见表1－11）。

通过以上比较可以清楚地看出，燃烧和爆炸的区别不在于物质所含燃烧热的大小，而在于物质燃烧的速度。燃烧速度（即氧化速度）越快，燃烧热的释放越快，所产生的破坏力也越大。根据功率与作功时间成反比的关系，可以计算出一块含热量2 931kJ的煤块燃烧时发出的功率为47 807W，含同样热量的煤气燃烧时发出的功率为1.47×10^{5}kW。功率大，则作功的本领大，破坏力也就大。

由于燃烧和化学性爆炸的主要区别在于物质的燃烧速度，所以火灾和爆炸的发展过程有显著的不同。火灾有初起阶段、发展阶段和衰弱熄灭阶段等过程，造成的损失随着时间的延续而加重，因此，一旦发生火灾，如能尽快地进行扑救，即可减少损失。化学性爆炸实质上是瞬间的燃烧，通常在1s之内爆炸过程已经完成，由于爆炸威力所造成的人员伤亡、设备毁坏和厂房倒塌等巨大损失均发生于顷刻之间，猝不及防，因此爆炸一旦发生，损失已无从减免。

燃烧和化学性爆炸还存在这样的关系，即两者可随条件而转化。同一物质在一种条件下可以燃烧，在另一种条件下可以爆炸。例如，煤块只能缓慢地燃烧，如果将它磨成煤粉，再与空气混合后就可能爆炸，这也说明了燃烧和化学性爆炸在实质上是相同的。

由于燃烧和化学性爆炸可以随条件而转化，所以生产过程发生的这类事故，有些是先爆炸后着火。例如，油罐、电石库或乙炔发生器爆炸之后，接着往往是一场大火。而在某些情况下会是先火灾而后爆炸。又如，抽空的油槽在着火时，可燃蒸气不断消耗，而又不能及时补充较多的可燃蒸气，因而浓度不断下降，当蒸气浓度下降进入爆炸极限范围时，则发生爆炸。

六、爆炸反应历程

可燃气体、蒸气或粉尘预先与空气均匀混合并达到爆炸极限，这种混合物称为爆炸性混合物。

按照链式反应理论，爆炸性混合物与火源接触，就会有活性分子生成或成为连锁反应的活性中心。爆炸性混合物在一点上着火后，热以及活性中心都向外传播，促使邻近的一层混合物起化学反应，然后这一层又成为热和活性中心的源头而引起另一层混合物的反应，如此循环地持续进行，直至全部爆炸性混合物反应完为止。爆炸时的火焰是一层层向外传播的，在没有界线物包围的爆炸性混合物中，火焰是以一层层同心圆球面的形式向各方面蔓延的。火焰的速度在距离着火地点0.5~1m处仅为每秒若干米，但以后即逐渐加速，最后可达每秒数百米以上。若在火焰扩展的路程上遇有遮挡物，由于混合物的温度和压力的剧增，会对遮挡物造成极大的破坏。

爆炸大多随着燃烧而发生，所以长期以来燃烧理论的观点认为：当燃烧在某一定空间内进行时，如果散热不良会使反应温度不断提高，温度的提高又会促使反应速度加快，如此循环进展而导致爆炸的发生。亦即爆炸是由于反应的热效应而引起的，因而称为热爆炸。但在另一种情况下，爆炸现象不能简单地用热效应来解释。例如，氢和溴的混合物在较低温度下爆炸时，其反应式为：

$$H_2 + Br_2 = 2HBr + 3.5kJ/mol$$

反应热总共只有3.5kJ/mol；而二氧化硫和氢的反应，其反应式为：

$$SO_2 + H_2 = H_2S + 2H_2O + 12.6kJ/mol$$

反应热是12.6kJ/mol，却不会爆炸。因此，有些爆炸现象需要用化学动力学的观点来说明，认为爆炸的原因不是由于简单的热效应，而是由于链式反应的结果。

链式反应有直链反应和支链反应两种。下面以氢和氧的链式反应为例。氢和氧的连锁反应属于支链反应，它的特点是：在反应中一个游离基（活性中心）能生成一个以上的游离基：

$$H^{\cdot} + O_2 = OH^{\cdot} + O^{\cdot}$$

$$O^{\cdot} + H_2 = OH^{\cdot} + H^{\cdot}$$

于是反应链就会分支（参见图1-2）。在链增长（即反应可以增值游离基）的情况下，如果与之同时发生的销毁游离基（链终止）的反应速度不高，则游离基的数目就会增多，反应链的数目也会增加，反应速度随之加快，这样又会增值更多的游离基，如此循环进展，使反应速度加快到爆炸的等级。

连锁反应速度 v 可用下式表示：

$$v = \frac{F(c)}{f_s + f_c + A(1-a)} \tag{2-2}$$

式中：$F(c)$——反应物浓度函数；

f_s——链在器壁上销毁因数；

f_c——链在气相中销毁因数；

A——与反应物浓度有关的函数；

a——链的分支数，在直链反应中 $a=1$，支链反应中 $a>1$。

根据链式反应理论，增加气体混合物的温度可使连锁反应的速度加快，使因热运动而生成的游离基数量增加。在某一温度下，连锁的分支数超过中断数，这时反应便可以加速并达到混合物自行着火的反应速度，所以可认为气体混合物自行着火的条件是连锁反应的分支数大于中断数。当连锁分支数超过中断数时，即使混合物的温度保持不变，仍可导致自行着火。在一定的条件下，如当 $f_s + f_c + A(1-a) \to 0$，就会发生爆炸。

综上所述，爆炸性混合物发生爆炸有热反应和链式反应两种不同的机理。至于在什么情况下发生热反应，什么情况下发生链式反应，需根据具体情况而定，甚至同一爆炸性混合物在不同条件下有时也会有所不同。图 2-2 所示为氢和氧按完全反应的浓度（$2H_2 + O_2$）组成的混合气发生爆炸的温度和压力区间。从图中可以看出，当压力很低且温度不高时（如在温度 500℃ 和压力不超过 200Pa 时），由于游离基很容易扩散到器壁上销毁，此时连锁中断速度超过支链产生速度，因而反

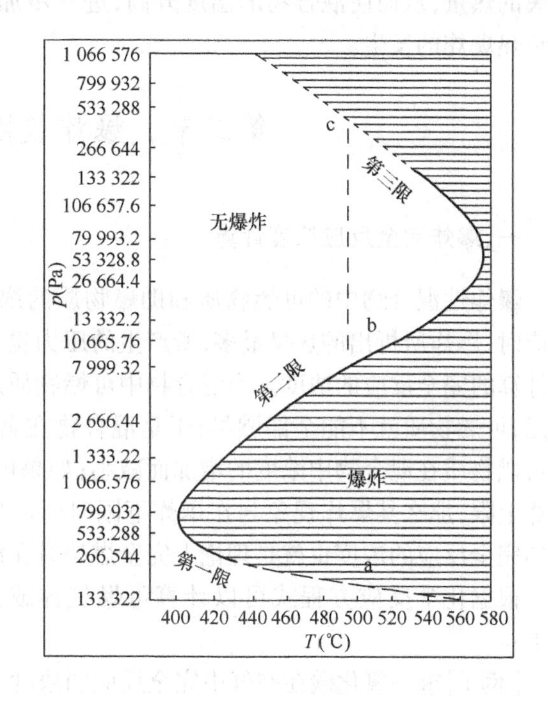

图 2-2　氢和氧混合物(2:1)爆炸区间

应进行较慢,混合物不会发生爆炸;当温度为500℃,压力升高到200Pa和6 666Pa之间时(如图中的a和b点之间),由于产生支链速度大于销毁速度,链反应很猛烈,就会发生爆炸;当压力继续提高,超过b点(大于6 666Pa)以后,由于混合物内分子的浓度增高,容易发生链中断反应,致使游离基销毁速度又超过链产生速度,链反应速度趋于缓和,混合物又不会发生爆炸了。

图2-2中a和b点时的压力,即200Pa和6 666Pa分别是混合物在500℃时的爆炸低限和爆炸高限。随着温度增加,爆炸极限会变宽。这是由于链反应需要有一定的活化能,链分支反应速度随温度升高而增加,而链终止的反应却随温度的升高而降低,故升高温度对产生链反应有利,结果使爆炸极限变宽,在图上呈现半岛形,当压力再升高超过c点(大于666 610Pa)时,开始出现下列反应:

$$H^{\cdot} + O_2 \longrightarrow HO_2^{\cdot}$$

$$HO_2^{\cdot} + H_2 \longrightarrow H^{\cdot} + H_2O_2$$

$$HO_2^{\cdot} + H_2O \longrightarrow OH^{\cdot} + H_2O_2$$

产生游离基$H^{\cdot}$和$OH^{\cdot}$,这两个反应是放热的,结果使反应释放出的热量超过从器壁散失的热量,从而使混合物的温度升高,进一步加快反应,促使释放出更多的热量,导致热爆炸的发生。

第二节　爆炸极限计算

一、爆炸完全反应浓度计算

爆炸性混合物中的可燃物质和助燃物质的浓度比例为恰好能发生完全的化合反应时,爆炸所析出的热量最多,所产生的压力也最大,实际的完全反应的浓度稍高于计算的完全反应的浓度。当混合物中可燃物质超过完全反应的浓度时,空气就会不足,可燃物质就不能全部燃尽,于是混合物在爆炸时所产生的热量和压力就会随着可燃物质在混合物中浓度的增加而减小;如果可燃物质在混合物中的浓度增加到爆炸上限,那么其爆炸现象与在爆炸下限时所产生的现象大致相同。因此,可燃物质的完全反应的浓度也就是理论上完全燃烧时在混合物中该可燃物质的含量。

根据化学反应方程式可以计算可燃气体或蒸气的完全反应的浓度。现举例如下:

[例1]求一氧化碳在空气中完全反应的浓度。

[解]写出一氧化碳在空气中燃烧的反应式:

$$2CO + O_2 + 3.76N_2 = 2CO_2 + 3.76N_2$$

根据反应式得知，参加反应的物质的总体积为 2 + 1 + 3.76 = 6.76。若以 6.76 这个总体积为 100，则 2 个体积的一氧化碳在总体积中所占的比例为：

$$X = \frac{2}{6.76} = 29.6\%$$

答：一氧化碳在空气中完全反应的浓度为 29.6%。

[例 2]求乙炔在氧气中完全反应的浓度。

[解]写出乙炔在氧气中的燃烧反应式：

$$2C_2H_2 + 5O_2 = 4CO_2 + 2H_2O + Q$$

根据反应式得知，参加反应物质的总体积为 2 + 5 = 7。若以 7 这个总体积为 100，则 2 个体积的乙炔在总体积中占：

$$X_0 = \frac{2}{7} = 28.6\%$$

答：乙炔在氧气中完全反应的浓度为 28.6%。

可燃气体或蒸气的化学当量浓度，也可用以下方法计算。

可燃气体或蒸气分子式一般用 $C_\alpha H_\beta O_\gamma$ 表示，设燃烧 1mol 气体所必需的氧的物质的量为 n，则燃烧反应式可写成：

$$C_\alpha H_\beta O_\gamma + nO_2 \longrightarrow \text{生成气体}$$

如果把空气中氧气的浓度取为 20.9%，则在空气中可燃气体完全反应的浓度 X（%）一般可用下式表示：

$$X = \frac{1}{1 + \frac{n}{0.209}} = \frac{20.9}{0.209 + n}\% \tag{2-3}$$

又设在氧气中可燃气体完全反应的浓度为 X_0（%），即

$$X_0 = \frac{100}{1 + n}\% \tag{2-4}$$

式(2-3)和式(2-4)表示出 X 和 X_0 与 n 或 $2n$ 之间的关系（$2n$ 表示反应中氧的原子数）。

在完全燃烧的情况下，燃烧反应式为：

$$C_\alpha H_\beta O_\gamma + nO_2 \longrightarrow \alpha CO_2 + \frac{1}{2}\beta H_2O \tag{2-5}$$

式中：$2n = 2\alpha + \frac{1}{2}\beta - \gamma$。

对于石蜡烃　　　　$\beta = 2\alpha + 2$

因此，$$2n = 3\alpha + 1 - \gamma \qquad (2-6)$$
根据 $2n$ 的数值，从表 2-5 中可直接查出可燃气体或蒸气在空气（或氧气）中完全反应的浓度。

[例 3]试分别求 H_2、CH_3OH、C_3H_8、C_6H_6 在空气中和氧气中完全反应的浓度。

[解](1)公式法：

$$X(H_2) = \frac{20.9}{0.209+n} = \frac{20.9}{0.209+0.5} = 29.48\%$$

$$X_0(H_2) = \frac{100}{1+0.5} = 66.7\%$$

$$X(CH_3OH) = \frac{20.9}{0.209+n} = \frac{20.9}{0.209+1.5} = 12.23\%$$

$$X_0(CH_3OH) = \frac{100}{1+1.5} = 40\%$$

$$X(C_3H_8) = \frac{20.9}{0.209+n} = \frac{20.9}{0.209+5} = 4.01\%$$

$$X_0(C_3H_8) = \frac{100}{1+5} = 16.7\%$$

$$X(C_6H_6) = \frac{20.9}{0.209+n} = \frac{20.9}{0.209+7.5} = 2.71\%$$

$$X_0(C_6H_6) = \frac{100}{1+7.5} = 11.8\%$$

(2)查表法：根据可燃物分子式，用公式 $2n = 3\alpha + \frac{1}{2}\beta - \gamma$，求出其 $2n$ 值，由 $2n$ 数值，直接从表 2-5 中分别查出它们在空气（或氧）中完全反应的浓度。

由式(2-5)$2n = 2\alpha + \frac{1}{2}\beta - \gamma$，依分子式分别求出 $2n$ 值如下：

H_2	$2n=1$
CH_3OH	$2n=3$
C_3H_8	$2n=10$
C_6H_6	$2n=15$

由 $2n$ 值直接从表 2-5 中分别查出它们的 X 和 X_0 值：

$X(H_2) = 29.5\%$	$X_0(H_2) = 66.7\%$
$X(CH_3OH) = 12\%$	$X_0(CH_3OH) = 40\%$
$X(C_3H_8) = 4\%$	$X_0(C_3H_8) = 16.7\%$
$X(C_6H_6) = 2.7\%$	$X_0(C_6H_6) = 11.76\%$

表 2－5　可燃气体(蒸气)在空气和氧气中完全反应的体积百分比浓度

氧分子数	氧原子数 $2n$	完全反应的体积百分比浓度(%)		可燃物举例
		在空气中 $X=\frac{20.9}{0.209+n}$	在氧气中 $X_0=\frac{100}{1+n}$	
1	0.5	45.5	80.0	氧气、一氧化碳
	1.0	29.5	66.7	
	1.5	11.8	57.2	
	2.0	17.3	50.0	
2	2.5	14.3	44.5	甲醇、二硫化碳 甲烷、醋酸
	3.0	12.2	40.0	
	3.5	10.7	36.4	
	4.0	9.5	33.3	
3	4.5	8.5	30.8	乙炔、乙醛 乙烷、乙醇
	5.0	7.7	28.6	
	5.5	7.1	26.7	
	6.0	6.5	25.0	
4	6.5	6.1	23.5	氯乙烷 乙烷、甲酸乙酯 丙酮
	7.0	5.6	22.2	
	7.5	5.3	21.1	
	8.0	5.0	20.0	
5	8.5	4.7	19.0	丙烯、丙醇 丙烷、乙酸乙酯
	9.0	4.5	18.2	
	9.5	4.2	17.4	
	10.0	4.0	16.7	
6	10.5	3.82	16.0	丁酮 乙醚、丁烯、丁醇
	11.0	3.72	15.4	
	11.5	3.50	14.8	
	12.0	3.36	14.3	

续表

氧分子数	氧原子数 $2n$	完全反应的体积百分比浓度(%)		可燃物举例
		在空气中 $X=\frac{20.9}{0.209+n}$	在氧气中 $X_0=\frac{100}{1+n}$	
7	12.5	3.23	13.8	丁烷、甲酸丁酯 二氯苯
	13.0	3.10	13.3	
	13.5	3.00	12.9	
	14.0	2.89	12.5	
8	14.5	2.80	12.12	溴苯、氯苯 苯、戊醇 戊烷、乙酸丁酯
	15.0	2.70	11.76	
	15.5	2.62	11.42	
	16.0	2.54	11.10	
9	16.5	2.47	10.81	苯甲醇、甲酚 环己烷、庚烷
	17.0	2.39	10.52	
	17.5	2.33	10.26	
	18.0	2.26	10.0	
10	18.5	2.20	9.76	甲苯胺 己烷、丙酸丁酯 甲基环己醇
	19.0	2.15	9.52	
	19.5	2.10	9.30	
	20.0	2.05	9.09	

二、爆炸下限和爆炸上限计算

各种可燃气体和可燃液体蒸气的爆炸极限可用专门仪器测定出来,或用经验公式计算。可燃气体和蒸气的爆炸极限有多种计算方法,主要根据完全燃烧反应所需的氧原子数、完全反应的浓度、燃烧热和散热等计算出近似值,以及其他的计算方法。爆炸极限的计算值与实验值一般有些出入,其原因是在计算式中只考虑到混合物的组成,而无法考虑其他一系列因素的影响,但仍不失其参考价值。

(1)根据完全燃烧反应所需的氧原子数计算有机物的爆炸下限和上限的体积分数,其经验公式如下:

计算爆炸下限公式：

$$L_x = \frac{100}{4.76(N-1)+1} \tag{2-7}$$

计算爆炸上限公式：

$$L_s = \frac{4\times 100}{4.76N+4} \tag{2-8}$$

式中：L_x——可燃性混合物爆炸下限，%；

L_s——可燃性混合物爆炸上限，%；

N——每摩尔可燃气体完全燃烧所需的氧原子数。

[例4]试求乙烷在空气中爆炸浓度下限和上限。

[解]写出乙烷的燃烧反应式：

$$2C_2H_6+7O_2 = 4CO_2+6H_2O$$

求 N 值　　$N=7$

将 N 值分别代入式(2－7)和式(2－8)

$$L_x=\frac{100}{4.76(7-1)+1}=\frac{100}{29.56}=3.38\%$$

$$L_s=\frac{4\times 100}{4.76\times 7+4}=\frac{400}{37.32}=10.7\%$$

答：乙烷爆炸下限的体积分数为3.38%，爆炸上限的体积分数为10.7%，爆炸极限的体积分数为3.38%～10.7%。

某些有机物爆炸极限计算值与实验值的比较见表2－6。从表2－6中所列数值可以看出，实验所得的爆炸上限值比计算值大。

表2－6　石蜡烃的浓度及其爆炸极限体积分数的计算值与实验值的比较

序号	可燃气体	分子式	α	体积分数		爆炸下限 L_x(%)		爆炸上限 L_s(%)		
				$2n$	X/%	计算值	实验值	计算值	$2n$	实验值
1	甲烷	CH_4	1	4	9.5	5.2	5.0	14.3	2.5	15.0
2	乙烷	C_2H_6	2	7	5.6	3.3	3.0	10.7	3.0	12.5
3	丙烷	C_3H_8	3	10	4.0	2.2	2.1	9.5	4.0	9.5
4	丁烷	C_4H_{10}	4	13	3.1	1.7	1.5	8.5	4.5	8.5
5	异丁烷	C_4H_{10}	4	13	3.1	1.7	1.8	8.5	4.5	8.4
6	戊烷	C_5H_{12}	5	16	2.5	1.4	1.4	7.7	5.0	8.0
7	异戊烷	C_5H_{12}	5	16	2.5	1.4	1.3	7.7	5.0	7.6

(2)爆炸性混合气体完全燃烧时的浓度,可以用来确定链烷烃的爆炸下限和上限。计算公式如下:

$$L_x = 0.55X \tag{2-9}$$

$$L_s = 4.8\sqrt{X} \tag{2-10}$$

[例5]试求甲烷在空气中的爆炸浓度下限和上限。

[解]列出燃烧反应式:

$$CH_4 + 2O_2 \longrightarrow CO_2 + 2H_2O$$

从表2-5中查出甲烷在空气中完全燃烧的浓度计算公式为:

$$X = \frac{20.9}{0.209 + n}$$

将1mol甲烷完全燃烧所需氧的摩尔数 $n=2$ 代入式(2-9)和式(2-10),得:

$$L_x = 0.55 \times \frac{20.9}{0.209 + 2} = 5.2\%$$

$$L_s = 4.8\sqrt{\frac{20.9}{0.209 + 2}} = 14.7\%$$

答:甲烷的爆炸极限为5.2%~14.7%。

此计算公式用于链烷烃类,其计算值与实验值比较,误差不超过10%。例如甲烷爆炸极限的实验值为5.0%~15%,与计算值非常接近。但用以估算 H_2、C_2H_2 以及含 N_2、CO_2 等可燃气体时,出入较大,不可应用。

三、多种可燃气体组成混合物的爆炸极限计算

由多种可燃气体组成爆炸性混合气体的爆炸极限,可根据各组分的爆炸极限进行计算。其计算公式如下:

$$L_m = \frac{100}{\frac{V_1}{L_1} + \frac{V_2}{L_2} + \frac{V_3}{L_3}} + \cdots \tag{2-11}$$

式中:L_m——爆炸性混合气的爆炸极限,%;

L_1、L_2、L_3——组成混合气各组分的爆炸极限,%;

V_1、V_2、V_3——各组分在混合气中的浓度,%。

$$V_1 + V_2 + V_3 + \cdots = 100\%$$

例如,某种天然气的组成如下:甲烷80%,乙烷15%,丙烷4%,丁烷1%。各组分的爆炸下限分别为5%,3.22%,2.37%和1.86%,则该天然气的爆炸下限为:

$$L_x = \frac{100}{\frac{80}{5} + \frac{15}{3.22} + \frac{4}{2.37} + \frac{1}{1.86}} = 4.37\%$$

将各组分的爆炸上限代入式(2－11)，可求出天然气的爆炸上限。

式(2－11)用于煤气、水煤气、天然气等混合气爆炸极限的计算比较准确，而对于氢与乙烯、氢与硫化氢、甲烷与硫化氢等混合气及一些含二硫化碳的混合气体，计算的误差较大。

氢气、一氧化碳、甲烷混合气爆炸极限的实测值和计算值列于表2－7。

表2－7　氢、一氧化碳、甲烷混合气的爆炸极限

可燃气的组成（体积分数）(%)			爆炸极限(%)		可燃气的组成（体积分数）(%)			爆炸极限(%)	
H_2	CO	CH_4	实测值	计算值	H_2	CO	CH_4	实测值	计算值
100	0	0	4.1～75	—	0	0	100	5.6～15.1	—
75	25	0	4.7～—	4.9～—	25	0	75	4.7～—	5.1～—
50	50	0	6.05～71.8	6.2～72.2	50	0	50	6.4～—	4.75～—
25	75	0	8.2～—	8.3～—	75	0	25	4.1～—	4.4～—
10	90	0	10.8～—	10.4～—	90	0	10	4.1～—	4.2～—
0	100	0	12.5～73.0	—	33.3	33.3	33.3	5.7～26.9	6.6～32.4
0	75	25	9.5～—	9.6～—	55	15	30	4.7～—	5.0～—
0	50	50	7.7～22.8	7.75～25.0	48.5	0		—～33.6	—～24.6
0	25	75	6.4～—	6.5～—					

四、含有惰性气体的多种可燃气混合物爆炸极限计算

如果爆炸性混合物中含有惰性气体，如氮、二氧化碳等，计算爆炸极限时，可先求出混合物中由可燃气体和惰性气体分别组成的混合比，再从相应的比例图（见图2－3和图2－4）中查出它们的爆炸极限，然后将各组的爆炸极限分别代入式(2－11)即可。

[例6]求某回收煤气的爆炸极限，其组成为：CO:58%，CO_2:19.4%，N_2:20.7%，O_2:0.4%，H_2:1.5%。

[解]将煤气中的可燃气体和阻燃性气体组合为两组：

(1)CO及CO_2，即

$$58\%(CO)+19.4\%(CO_2)=77.4\%(CO+CO_2)$$

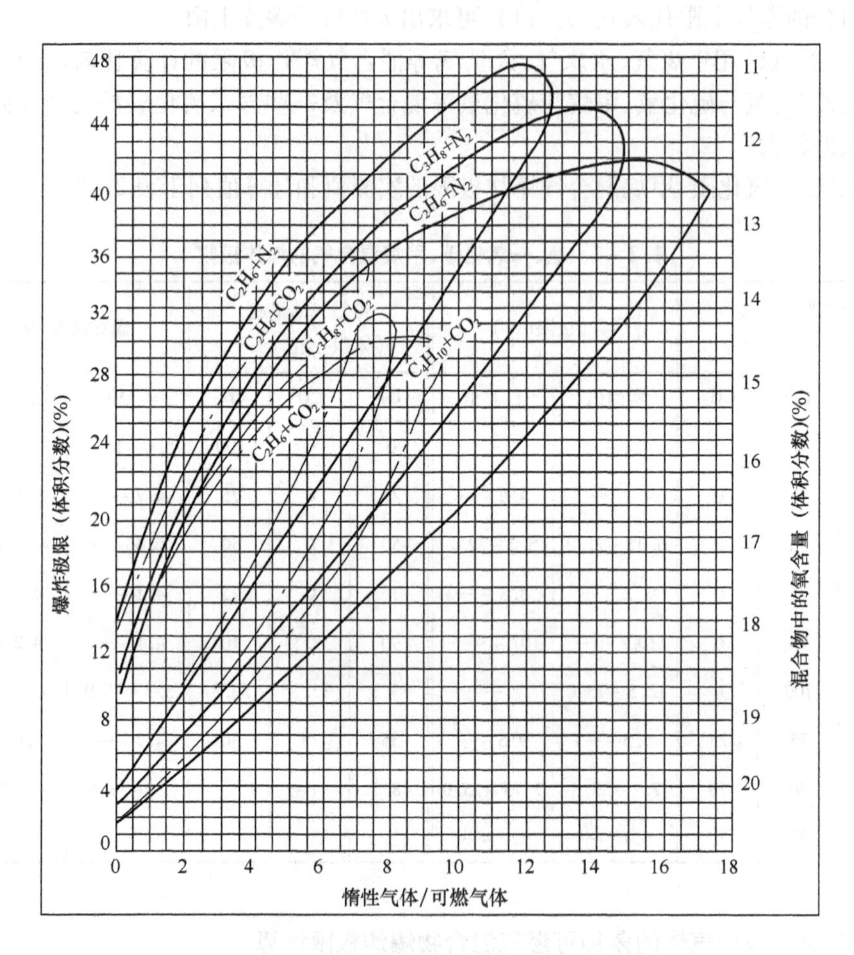

图 2－3　乙烷、丙烷、丁烷和氢、二氧化碳混合气爆炸极限

其中

$$\frac{CO_2}{CO}=\frac{19.4}{58}=0.33$$

从图 2－4 中查得 $L_s=70\%$，$L_x=17\%$。

(2) N_2 及 H_2，即

$$1.5\%(H_2)+20.7\%(N_2)=22.2\%(H_2+N_2)$$

其中

$$\frac{N_2}{H_2}=\frac{20.7}{1.5}=13.8$$

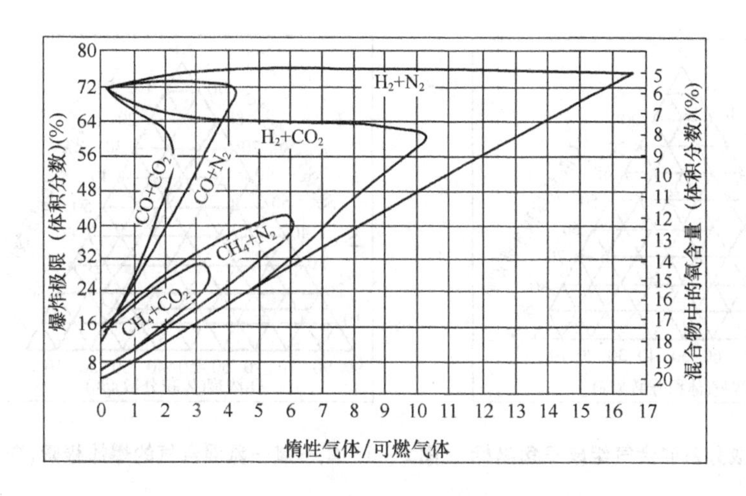

图 2－4　氢、一氧化碳和氮、二氧化碳混合气爆炸极限

从图 2－4 中查得 $L_s = 76\%$，$L_x = 64\%$。

将以上爆炸上限和下限代入式(2－11)，即可求得煤气的爆炸极限：

$$L_s = \frac{100}{\frac{77.4}{70} + \frac{22.2}{76}} = 71.5\%$$

$$L_x = \frac{100}{\frac{77.4}{17} + \frac{22.2}{64}} = 20.3\%$$

答：该煤气的爆炸极限为 20.3%～71.5%。

由可燃气体、惰性气体和空气（或氧气）组成混合物的爆炸浓度范围也可用三角坐标图表示。图 2－5 所示为可燃气体 A、助燃气体 B 和惰性气体 C 组成的三角坐标图，在图内任何一点，表示三种成分的不同百分比。其读法是在点上作三条平行线，分别与三角形的三条边平行，每条平行线与相应边的交点，可读出其浓度。例如，图 2－5 中 m 点表示可燃气体（A）体积分数为 50%，助燃气体（B）体积分数为 20%，惰性气体（C）体积分数为 30%；图 2－5 中 n 点表示可燃气体（A）体积分数为 30%，助燃气体（B）体积分数为 0，惰性气体（C）体积分数为 70%。以此类推。

图 2－6 是由氨、氧和氮组成的三角坐标图，图中曲线内的部分表示氨气在氨—氧—氮三元体系中的爆炸极限。图 2－6 中，A 点在爆炸极限范围内，其组成的氧气体积分数为 40%，氨体积分数为 50%，氮体积分数为 10%；B 点在爆炸极限之外，不会发生爆炸，其组成的氨体积分数为 30%，氮体积分数为 70%，氧体积分数为 0。

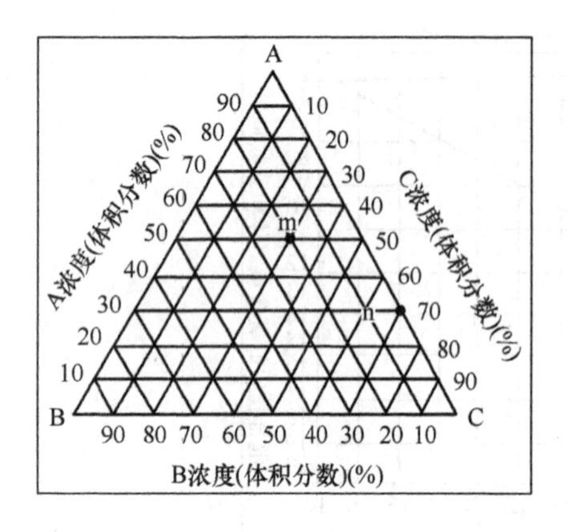

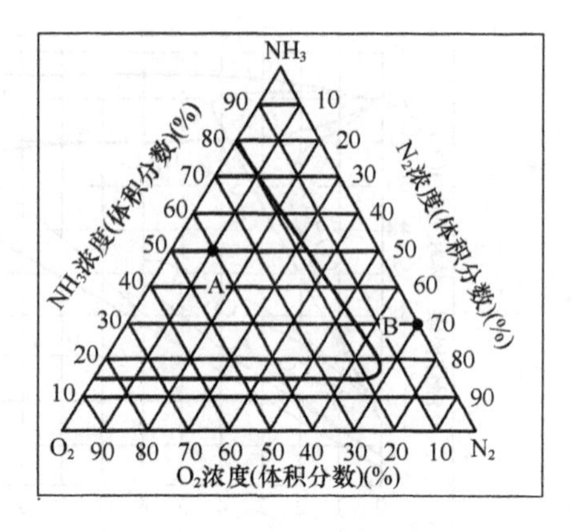

图2-5　三成分系混合气组成三角坐标　图2-6　氨—氧—氮混合气的爆炸极限(常温、常压)

图2-7是生产中常用可燃气体H_2,CO,C_2H_2,C_2H_4,CH_4等可燃气体与空气及氮气三种成分混合气的爆炸极限三角坐标图。

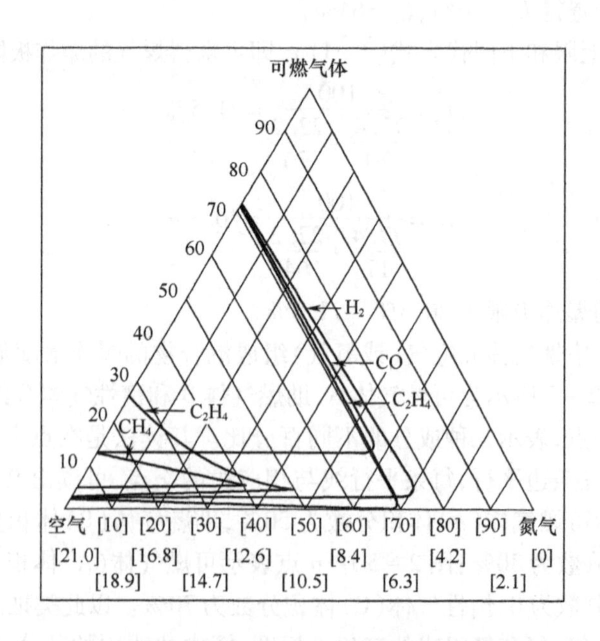

图2-7　H_2,CO,C_2H_2,C_2H_4,CH_4等可燃气体与空气及氮气三组分气体爆炸范围(括号内数据为O_2的体积分数)

对某些可燃气体与空气(或氧气)混合的装置,为了防止发生爆炸危险,往往需要加入氮气、二氧化碳等惰性介质，使混合气体处于爆炸范围之外，这时即可利用三角坐标图来确定惰性介质的添加量。

五、爆炸极限的应用

人们在发现和掌握可燃物质的爆炸极限这一规律之前，认为所有可燃物质都是很危险的，因此防爆条例都比较严格。在认识爆炸极限规律之后，就可以将其应用在以下几方面。

第一，区分可燃物质的爆炸危险程度，从而尽可能用爆炸危险性小的物质代替爆炸危险性大的物质。例如，乙炔的爆炸极限为2.2%～81%；液化石油气组分的爆炸极限分别为丙烷2.17%～9.5%，丁烷1.15%～8.4%，丁烯1.7%～9.6%，它们的爆炸极限范围比乙炔小得多，说明液化石油气的爆炸危险性比乙炔小，因而在气割时推广用液化石油气代替乙炔。

第二，爆炸极限可作为评定和划分可燃物质危险等级的标准。例如，可燃气体按爆炸下限（<10%或≥10%）分为一、二两级。

第三，根据爆炸极限选择防爆电机和电器。例如，生产或贮存爆炸下限≥10%的可燃气体，可选用任一防爆型电气设备；爆炸下限<10%的可燃气体，应选用隔爆型电气设备。

第四，确定建筑物的耐火等级、层数和面积等。例如，贮存爆炸下限小于10%的物质，库房建筑最高层次限一层，并且必须是一、二级耐火等级。

第五，在确定安全操作规程以及研究采取各种防爆技术措施——通风、检测、置换、检修等时，也都必须根据可燃气体或液体的爆炸危险性的不同，采取相应的有效措施，以确保安全。

第三节　防爆技术基本理论

一、可燃物质化学性爆炸的条件

可燃物质的化学性爆炸必须同时具备下列三个条件才能发生：

第一，存在着可燃物质，包括可燃气体、蒸气或粉尘；

第二，可燃物质与空气（或氧气）混合并且达到爆炸极限，形成爆炸性混合物；

第三，爆炸性混合物在火源作用下。

对于每一种可燃气体（蒸气）的爆炸性混合物，都有一个引起爆炸的最小点火能量，低于该能量，混合物就不爆炸。例如，引起烷烃爆炸的电火花的最小电流强度分别为:甲烷0.57A,乙烷0.45A,丙烷0.36A,丁烷0.48A,戊烷0.55A。

最小点火能量的单位通常以MJ表示。可燃气体和蒸气在空气中的最小点火能量见表3-5。

二、燃烧和化学性爆炸的感应期

可燃物质的温度在达到自燃点或着火点之后,并不立即发生自燃或着火,其间有段延滞的时间,称为感应期(或诱导期)。

如前所述,可燃物质的自行着火,并不能在图1-5中曲线所示自燃点 T_c 时发生,而是在较高的温度 T'_c 才出现。图中的 T_c 至 T'_c 的间隔,即物质发生自燃之前的延滞时间,以 t 表示。感应期的这种现象可以在测定可燃物质的自燃点时观察到。将测定的容器加热到某一物质的自燃点,但该物质导入后并不立即自行着火,而要经过若干时间后才出现火焰。

可燃物质与火源直接接触而着火时,也存在感应期。但由于火焰的高温使感应期大大地缩短了,所以一般人不易察觉到着火以前的时间延滞。可燃性混合物的爆炸实质是瞬间燃烧,因此,任何这类爆炸的发生也都有时间上的延滞。

可燃物质的燃烧和可燃性混合物的爆炸之所以存在感应期,是因为要使化学反应的活性中心发展到一定的数目需要一定的时间,也就是说,这类燃烧和爆炸都需要经过连续发展过程所必需的一定时间才能发生。

感应期在安全问题上有着实际意义。例如,煤矿中虽然有甲烷存在,但仍可用无烟火药进行爆破,这就是利用甲烷的感应期。因为甲烷的感应期为8~9s,而无烟火药的发火时间仅为2~3s,故可保证安全。

三、防爆技术基本理论及应用

防止可燃物质化学性爆炸三个基本条件的同时存在,就是防爆技术的基本理论。也可以说,防止可燃物质化学性爆炸全部技术措施的实质,就是制止化学性爆炸三个基本条件的同时存在。现代用于生产和生活的可燃物种类繁多,数量庞大,而且生产过程情况复杂,因此需要根据不同的条件,采取各种相应的防护措施。但从总体来说,预防爆炸的技术措施,都是在防爆技术基本理论指导下采取的。

首先在消除可燃物这一基本条件方面,通常采取防止可燃物(可燃气体、蒸气和粉尘)的泄漏,即防止跑、冒、滴、漏。这是化工、炼油、制药、化肥、农药和其他使用可燃物质的工矿企业,甚至居民住宅所必须采取的重要技术措施。又如,某些遇水能产生可燃气体的物质(如碳化钙遇水产生乙炔气,$CaC_2 + 2H_2O = C_2H_2 + Ca(OH)_2 + Q$),则必须采取严格的防潮措施,这是电石库为防止爆炸事故而采取一系列防潮技术措施的理论依据。凡是在生产中可能产生可燃气体、蒸气和粉尘的厂房必须通风良好。

其次，为消除可燃物与空气（或氧气）混合形成爆炸性混合物，通常采取防止空气进入容器设备和燃料管道系统的正压操作、设备密闭、惰性介质保护以及测爆仪等技术措施。

最后，控制着火源，例如，采用防爆电机电器、静电防护，采用不产生火花的铜制工具或铍铜合金工具，严禁明火，保护性接地或接零以及防雷技术措施，等等。

第四节 爆炸温度和爆炸压力

物质的爆炸温度和爆炸压力是衡量爆炸破坏力的两个重要参数。

一、爆炸温度的计算

1. 根据反应热计算爆炸温度

理论上的爆炸最高温度可根据反应热计算。

[例7]求乙醚与空气的混合物的爆炸温度。

[解](1)先列出乙醚在空气中燃烧的反应方程式：

$$C_4H_{10}O + 6O_2 + 22.6N_2 \longrightarrow 4CO_2 + 5H_2O + 22.6N_2$$

式中，氮的摩尔数是按空气中 $N_2:O_2 = 79:21$ 的比例确定的，即 $6O_2$ 对应的 N_2 应为：

$$6 \times 79 \div 21 = 22.6$$

由反应方程式可知，爆炸前的分子数为29.6，爆炸后为31.6。

(2)计算燃烧各产物的热容。

气体平均摩尔定容热容计算式见表2-8。

根据表中所列计算式，燃烧产物各组分的热容为：

N_2 的摩尔定容热容为 $[(4.8 + 0.000\,45t) \times 4\,186.8]$ J/(kmol·℃)

H_2O 的摩尔定容热容为 $[(4.0 + 0.002\,15t) \times 4\,186.8]$ J/(kmol·℃)

表2-8 气体平均摩尔定容热容计算式

气体	热容[4 186.8J/(kmol·℃)]
单原子气体（Ar、He、金属蒸气等）	4.93
双原子气体（N_2、O_2、H_2、CO、NO 等）	$4.80 + 0.000\,45t$
CO_2、SO_2	$9.0 + 0.000\,58t$

续表

气体	热容[4 186.8J/(kmol·℃)]
H_2O、H_2S	$4.0+0.002\ 15t$
所有四原子气体(NH_3 及其他)	$10.00+0.000\ 45t$
所有五原子气体(CH_4 及其他)	$12.00+0.000\ 45t$

CO_2 的摩尔定量热容为[$(9.0+0.000\ 58t)\times4\ 186.8$]J/(kmol·℃)

燃烧产物的总热容为:

$$
\begin{array}{l}
[22.6(4.8+0.000\ 45t)\times4\ 186.8)]\text{J/(kmol·℃)}=[(454+0.042t)\times10^3]\text{J/(kmol·℃)}\\
[5(4.0+0.002\ 15t)\times4\ 186.8)]\text{J/(kmol·℃)}=[(83.7+0.045t)\times10^3]\text{J/(kmol·℃)}\\
\underline{+[4(9.0+0.005\ 8t)\times4\ 186.8]\text{J/(kmol·℃)}=[(150.7+0.009\ 7t)\times10^3]\text{J/(kmol·℃)}}\\
\qquad\qquad(688.4+0.096\ 7t)\times10^3\text{J/(kmol·℃)}
\end{array}
$$

燃烧产物的总热容为[$(688.4+0.096\ 7t)\times10^3$]J/(kmol·℃)。这里的热容是定容热容,符合于密闭容器中爆炸情况。

(3)求爆炸最高温度。

先查得乙醚的燃烧热为 2.7×10^6J/mol,即 2.7×10^9J/kmol。

因为爆炸速度极快,且在近乎绝热情况下进行的,所以全部燃烧热可近似地看作用于提高燃烧产物的温度,也就是等于燃烧产物热容与温度的乘积,即

$$2.7\times10^9=[(688.4+0.096\ 7t)\times10^3]\cdot t$$

解上式得爆炸最高温度 t 为 2 826℃。

上面计算是将原始温度视为 0℃。爆炸最高温度非常高,虽然与正常室温有若干度的差数,对计算结果的准确性并无显著的影响。

2. *根据燃烧反应方程式与气体的内能计算爆炸温度*

可燃气体或蒸气的爆炸温度可利用能量守恒的规律估算,即根据爆炸后各生成物内能之和与爆炸前各种物质内能及物质的燃烧热的总和相等的规律进行计算。用公式表达为:

$$\sum u_2=\sum Q+\sum u_1 \qquad (2-12)$$

式中:$\sum u_2$——燃烧后产物的内能之总和;

$\sum u_1$——燃烧前物质的内能之总和;

$\sum Q$——燃烧物质的燃烧热之总和。

[例 8]已知一氧化碳在空气中的浓度为 20%,求 CO 与空气混合物的爆炸温度。爆炸混合物的最初温度为 300K。

[解]通常空气中氧占21%,氮占79%,所以混合物中氧和氮分别占:

$$氧\quad \frac{21}{100}\times\frac{100-20}{100}=16.8\%$$

$$氮\quad \frac{79}{100}\times\frac{100-20}{100}=63.2\%$$

由于气体体积之比等于其摩尔数之比,所以将体积百分比换算成摩尔数,即1mol 混合物中应有0.2mol 一氧化碳、0.168mol 氧和0.632mol 氮。

从表2-9 查得一氧化碳、氧、氮在300K 时,其摩尔内能分别为6 238.33J/mol、6 238.33J/mol和6 238.33J/mol,混合物的摩尔内能为:

$$\sum u_1=(0.2\times6\,238.33+0.168\times6\,238.33+0.632\times6\,238.33)\,\mathrm{J}=6\,238.33\mathrm{J}$$

从表1-11 中查得一氧化碳的燃烧热为285 624J,则0.2mol 一氧化碳的燃烧热为:

$$(0.2\times285\,624)\,\mathrm{J}=57\,124.8\mathrm{J}$$

燃烧后各生成物内能之和应为:

$$\sum u_2=(6\,238.33+57\,124.8)\,\mathrm{J}=63\,363.13\mathrm{J}$$

从一氧化碳燃烧反应式 $2CO+O_2=2CO_2$ 可以看出,0.2mol 一氧化碳燃烧时,生成0.2mol 二氧化碳,消耗0.1mol 氧。1mol 混合物中,原有0.168mol 氧,燃烧后应剩下0.168-0.1=0.068mol 氧,氮的数量不发生变化,则燃烧产物的组成是:

二氧化碳　　0.2mol

氧　　0.068mol

氮　　0.632mol

假定爆炸温度为2 400K,由表2-9 查得二氧化碳、氧和氮的摩尔内能分别为105 507.36J/mol、63 220.68J/mol 和59 452.56J/mol,则燃烧产物的内能为:

$$\sum u_2=(0.2\times105\,507.36+0.068\times63\,220.68+0.632\times59\,452.56)\,\mathrm{J}$$
$$=62\,947.5\mathrm{J}$$

说明爆炸温度高于2 400K,于是再假定爆炸温度为2 600K,则内能之和应为:

$$\sum u''_2=(0.2\times116\,393.04+0.068\times69\,500.88+0.632\times65\,314.08)\,\mathrm{J}$$
$$=69\,283.17\mathrm{J}$$

$\sum u''_2$ 值又大于 $\sum u_2$ 值,因相差不太大,所以准确的爆炸温度可用内插法求得:

$$T=\left[2\,400+\frac{2\,600-2\,400}{69\,283.17-62\,947.5}(64\,363.13-62\,947.5)\right]\mathrm{K}=(2\,400+12)\,\mathrm{K}$$
$$=2\,412\mathrm{K}$$

以摄氏温度表示为:

$$t=(T-273)℃=(2\ 412-273)℃=2\ 139℃$$

表2-9　不同温度下几种气体和蒸气的摩尔内能　　　单位:J/mol

T/K	H_2	O_2	N_2	CO	CO_2	H_2O
200	4 061.2	4 144.93	4 144.93	4 144.93	—	—
300	6 028.99	6 238.33	6 238.33	6 238.33	6 950.09	7 494.37
400	8 122.39	8 373.60	8 289.86	8 331.73	10 048.32	10 090.19
600	12 309.19	12 937.21	12 602.27	12 631.58	17 333.35	15 114.35
800	16 537.86	17 877.64	17 082.14	17 207.75	25 581.35	21 227.08
1 000	20 850.26	23 069;27	21 855.10	22 064.44	34 541.10	27 549.14
1 400	29 935.62	33 996.82	32 029.02	32 405.83	53 591.04	39 439.66
1 800	39 690.86	45 217.44	42 705.36	43 249.64	74 106.36	57 359.16
2 000	44 798.76	51 288.30	48 273.80	48 859.96	84 573.36	65 732.76
2 200	48 985.56	57 359.16	54 009.72	54 470.27	95 040.36	74 106.36
2 400	55 265.76	63 220.68	59 452.56	60 143.38	105 507.36	82 898.64
2 600	60 708.60	69 500.88	65 314.08	65 816.50	116 893.04	91 690.92
2 800	66 570.12	75 362.40	70 756.92	71 594.28	127 278.72	100 901.88
3 000	72 012.96	81 642.60	76 618.44	77 455.80	138 164.40	110 112.84
3 200	77 874.48	88 341.48	82 479.96	83 317.32	149 050.08	119 742.48

二、爆炸压力的计算

可燃性混合物爆炸产生的压力与初始压力、初始温度、浓度、组分以及容器的形状、大小等因素有关。爆炸时产生的最大压力可按压力与温度及摩尔数成正比的规律确定,根据这个规律有下列关系式:

$$\frac{p}{p_0}=\frac{T}{T_0}\times\frac{n}{m} \tag{2-13}$$

式中:p,T 和 n——爆炸后的最大压力、最高温度和气体摩尔数;

p_0,T_0 和 m——爆炸前的初始压力、初始温度和气体摩尔数。

由此可以得出爆炸压力计算公式:

$$p = \frac{T \cdot n}{T_0 \cdot m} p_0 \quad (2-14)$$

[例 9]设 $p_0 = 0.1\mathrm{MPa}$，$T_0 = 27℃$，$T = 2\ 411\mathrm{K}$，求一氧化碳与空气混合物的最大爆炸压力。

[解]当可燃物质的浓度等于或稍高于完全反应的浓度时，爆炸产生的压力最大，所以计算时应采用完全反应的浓度。

先按一氧化碳的燃烧反应式计算爆炸前后的气体摩尔数：

$$2CO + O_2 + 3.76N_2 = 2CO_2 + 3.76N_2$$

由此可得出 $m = 6.76$，$n = 5.76$，代入式(2-14)

$$p = \left(\frac{2\ 411 \times 5.76 \times 0.1}{300 \times 6.76}\right)\mathrm{MPa} = 0.69\mathrm{MPa}$$

以上计算的爆炸温度与压力都没有考虑热损失，是按理论的空气量计算的，所得的数值都是最大值。

课后习题

1. 请分析爆炸的特征。
2. 爆炸有哪些种类？破坏作用如何？
3. 简述冲击波破坏效应的原理。
4. 请分析燃烧和爆炸之间的区别与联系。
5. 计算由甲烷 80%、己烷 15% 和丙烷 5% 所构成的混合物在空气中的爆炸下限。各组爆炸下限分别为 5%、3%、2.1%。

第三章　化学危险物品燃爆特性

第一节　可燃气体

凡是遇火、受热或与氧化剂接触能着火或爆炸的气体,统称为可燃气体。

一、气体燃烧形式和分类

气体的燃烧与液体和固体的燃烧不同,它不需要经过蒸发、熔化等过程,气体在正常状态下就准备好了燃烧条件,所以比液体和固体都容易燃烧。

1. 燃烧形式

气体的燃烧有扩散燃烧和动力燃烧两种形式。

(1)如果可燃气体与空气的混合是在燃烧过程中进行的,则发生稳定式的燃烧,称为扩散燃烧。如图 3－1 所示的火炬燃烧,火焰的明亮层是扩散区,可燃气体和氧是分别从火焰中心(燃料锥)和空气扩散到达扩散区的。这种火焰的燃烧速度很低,一般小于 0.5m/s。由于可燃气体与空气是逐渐混合并逐渐燃烧消耗掉,因而形成稳定式的燃烧,只要控制得好,就不会造成火灾。除火炬燃烧外,气焊的火焰、燃气加热等也属于这类扩散燃烧。

(2)如果可燃气体与空气是在燃烧之前按一定比例均匀混合的,形成预混气,遇火源则发生爆炸式燃烧,称动力燃烧,如图 3－2 所示。在预混气的空间里,充满了可以燃烧的混合气,一处点火,整个空间立即燃烧起来,发生瞬间的燃烧,即爆炸现象。

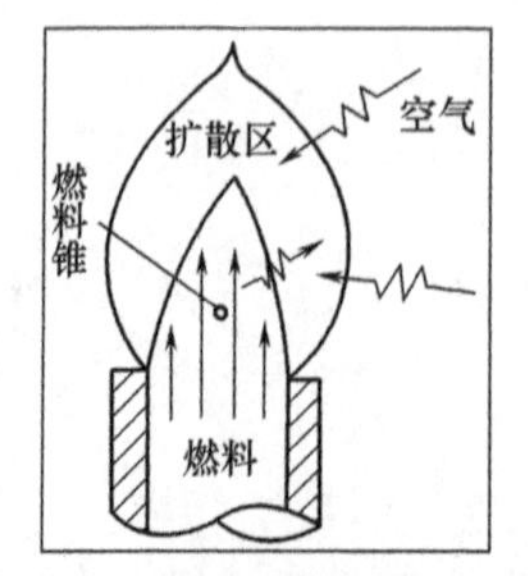

图 3－1　扩散火焰结构示意图

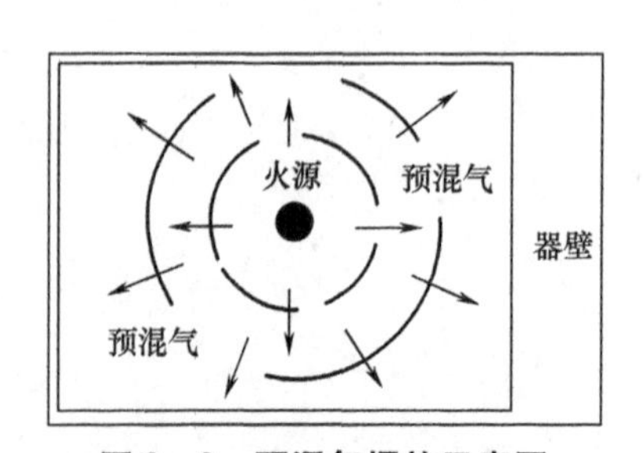

图 3－2　预混气爆炸示意图

此外，如果可燃气体处于压力下而受冲击、摩擦或其他着火源作用，则发生喷流式燃烧，如气井的井喷火灾、高压气体从燃气系统喷射出来时的燃烧等。对于这种喷流燃烧形式的火灾，较难扑救，需较多救火力量和灭火剂，应当设法断绝气源，使火灾彻底熄灭。

2. 分类

可燃气体按照爆炸极限分为两级：

（1）一级可燃气体的爆炸下限 <10%，如氢气、甲烷、乙烯、环氧乙烷、氯乙烯、硫化氢、水煤气、天然气等绝大多数气体均属此类。

（2）二级可燃气体的爆炸下限 ≥10%，如氨、一氧化碳、发生炉煤气等少数可燃气体属于此类。

在生产和贮存可燃气体时，将一级可燃气体划为甲类火灾危险，二级可燃气体划为乙类火灾危险。

二、气体燃烧速度

在通常情况下，单一化学组分的气体（如氢气）比复杂气体（如甲烷）的燃烧速度快，因为后者需要经过受热、分解、氧化过程才能开始燃烧；动力燃烧速度高于扩散燃烧速度。

气体的燃烧速度常以火焰传播速度来衡量。某些气体与空气混合物在 25.4mm 直径的管道中，火焰传播速度的试验数据见表 3－1。

表 3－1　可燃气体的火焰传播速度

气　体	火焰最高传播速度（m/s）	可燃气体在混合物中的浓度（%）	气　体	火焰最高传播速度（m/s）	可燃气体在混合物中的浓度（%）
氢	4.83	38.5	丙烷	0.32	4.6
一氧化碳	1.25	45	丁烷	0.82	3.6
甲烷	0.67	9.8	乙烯	1.42	7.1
乙烷	0.85	6.5	炉煤气	1.70	17
水煤气	3.1	43	焦炉发生煤气	0.73	48.5

可燃气体混合物的火焰传播速度受多种因素的影响。

首先是与可燃气体的浓度有关。从理论上研究，可燃气体在完全反应浓度时的燃烧速度是火焰传播速度的最大值,但实际测定发现,是在稍高于完全反应浓度的时候。其次,混合物中的惰性气体浓度增加,由于消耗热能而使火焰传播速度降低。再次,混合物的初始温度越高,火焰传播速度越快。最后,火焰传播速度在不同直径的管道中测试结果表明,一般随着管道直径的增加,火焰传播速度增大,但有个极限值,管道直径超过这个极限值,火焰传播速度不再增大;反之,当管道直径减小,火焰传播速度减慢,当管道直径小于某一直径时,火焰就不能传播。

三、影响气体爆炸极限的因素

可燃气体(蒸气)的爆炸极限受很多因素的影响,主要有下列几方面。

1. 温度

混合物的原始温度越高,则爆炸下限降低,上限增高,爆炸极限范围扩大,爆炸危险性增加。例如,丙酮的爆炸极限受温度影响的情况如表 3-2 所示。

表 3-2　丙酮爆炸极限受温度的影响

混合物温度(℃)	爆炸下限(%,V/V)	爆炸上限(%,V/V)
0	4.2	8.0
50	4.0	9.8
100	3.2	10.0

混合物温度升高使其分子内能增加,燃烧速度加快,而且由于分子内能的增加和燃烧速度的加快,使原来含有过量空气(低于爆炸下限)或可燃物(高于爆炸上限)而不能使火焰蔓延的混合物浓度变为可以使火焰蔓延的浓度,从而改变了爆炸极限范围。

2. 氧含量

混合物中含氧量增加,爆炸极限范围扩大,尤其是爆炸上限提高得更多。可燃气体在空气和纯氧中的爆炸极限范围比较见表 3-3。

表 3-3　可燃气体在空气和纯氧中的爆炸极限范围(体积分数)

物质名称	在空气中的爆炸极限(%)	范围	在纯氧中的爆炸极限(%)	范围
甲烷	4.9~15	10.1	5~61	56.0
乙烷	3~5	12.0	3~66	63.0

续表

物质名称	在空气中的爆炸极限(%)	范围	在纯氧中的爆炸极限(%)	范围
丙烷	2.1~9.5	7.4	2.3~55	52.7
丁烷	1.5~8.5	7.0	1.8~49	47.8
乙烯	2.75~34	31.25	3~80	77.0
乙炔	1.53~34	79.7	2.8~93	90.2
氢	4~75	71.0	4~95	91.0
氨	15~28	13.0	13.5~79	65.5
一氧化碳	12~74.5	62.5	15.5~94	78.5

3. 惰性介质

如果在爆炸混合物中掺入不燃烧的惰性气体(如氮、二氧化碳、水蒸气、氩、氦等),随着惰性气体所占体积分数的增加,爆炸极限范围则缩小,惰性气体的浓度提高到某一数值,亦可使混合物变成不能爆炸。一般情况下,惰性气体对混合物爆炸上限的影响较之对下限的影响更为显著。因为惰性气体浓度加大,表示氧的浓度相对减小,而在上限中氧的浓度本来已经很小,故惰性气体浓度稍微增加一点即产生很大影响,从而使爆炸上限显著下降。

图3-3表示出在甲烷的混合物中加入惰性气体氩、氦,阻燃性气体二氧化碳及水蒸气、四氯化碳等对爆炸极限的影响。

4. 压力

混合物的原始压力对爆炸极限有很大影响,压力增大,爆炸极限范围也扩大,尤其是爆炸上限显著提高。这可以从甲烷在不同原始压力时的爆炸极限明显地看出(见表3-4)。

表3-4 甲烷在不同原始压力时的爆炸极限

原始压力(MPa)	爆炸下限的体积分数(%)	爆炸上限的体积分数(%)
0.1	5.6	14.3
1	5.9	17.2
5	5.4	29.4
12.5	5.7	45.7

从表 3－4 中的数据还可以看出，压力增大，下限的变化并不显著，而且不规则。

值得重视的是当混合物的原始压力减小时，爆炸极限范围缩小；压力降至某一数值时，下限与上限相会成一点；压力再降低，混合物即变为不可爆。爆炸极限范围缩小为零的压力，称为爆炸的临界压力。如图 3－4 所示，甲烷在三个不同的原始温度下，爆炸极限随压力下降而缩小的情况。此外，又如一氧化碳的爆炸极限在 10MPa 压力时为 15.5%～68%，5.3MPa 时为 19.5%～57.7%，4MPa 时上下限合为 37.4%，在 2.7 MPa 时即没有爆炸危险。临界压力的存在表明，在密闭的设备内进行减压操作，可以消除爆炸的危险。

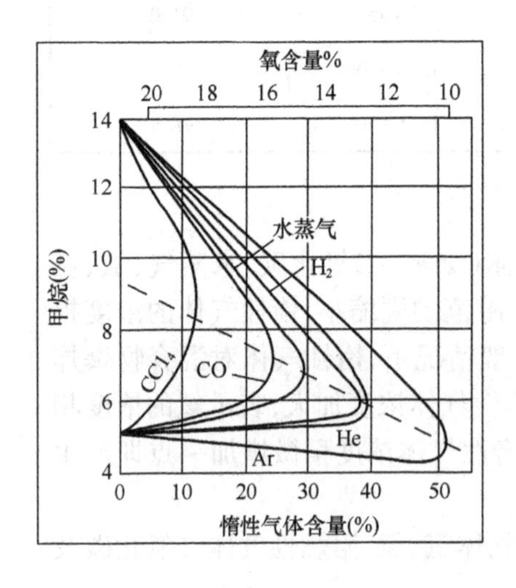

图 3－3　各种惰性气体浓度对甲烷爆炸极限的影响

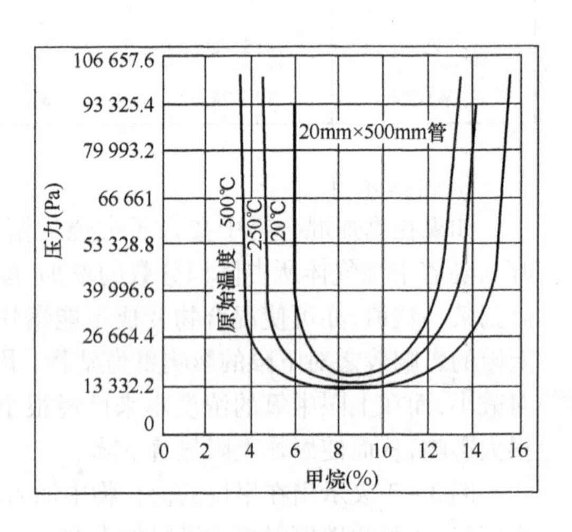

图 3－4　甲烷在减压下的爆炸极限

5. 容器

如前所述，容器直径越小，火焰在其中越难蔓延，混合物的爆炸极限范围则越小。当容器直径或火焰通道小到某一数值时，火焰不能蔓延，可消除爆炸危险，这个直径称为临界直径。如甲烷的临界直径为 0.4～0.5mm，氢和乙炔为 0.1～0.2mm 等。

容器直径大小对爆炸极限的影响，可用链式反应理论解释。燃烧是由游离基产生的一系列连锁反应的结果，管径减小时，游离基与管壁的碰撞概率相应增大，当管径减小到一定程度时，因碰撞造成游离基销毁的反应速度大于游离基产生的反应速度，燃烧反应便不能继续进行。

6. 能源

能源的性质对爆炸极限范围的影响是：能源强度越高，加热面积越大，作用时间越长，则爆炸极限范围越宽。以甲烷为例，100V、1A 的电火花不引起爆炸；2A 的电火花可引起爆炸，爆炸极限为 5.9% ~13.6%；3A 的电火花则爆炸极限扩大为 5.85% ~14.8%。几种烷烃引爆的电流强度见图 3 -5。

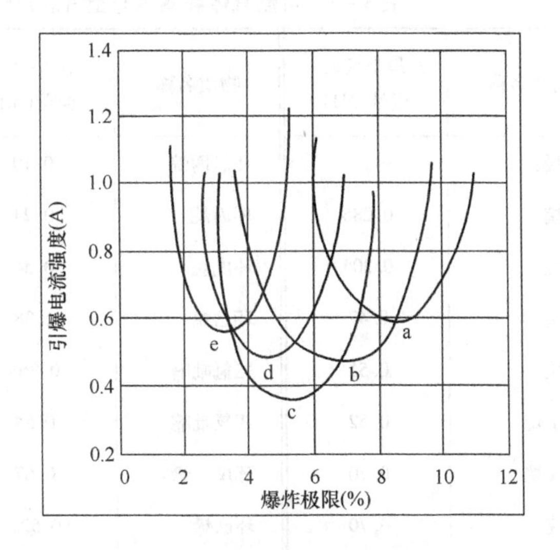

图 3 -5　几种烷烃引爆的电流强度

a—甲烷；b—乙烷；c—丙烷；d—丁烷；e—戊烷

各种爆炸性混合物都有一个最低引爆能量，即点火能量，它是指能引起爆炸性混合物发生爆炸的最小火源所具有的能量。它也是混合物爆炸危险性的一项重要的性能参数。爆炸性混合物的点火能量越小，其燃爆危险性就越大。可燃气体和蒸气在空气中发生燃爆的最小点火能量如表 3 -5 所示。

火花的能量、热表面的面积、火源与混合物的接触时间等，对爆炸极限均有影响。此外，光对爆炸极限也有影响。如前所述，氢和氯的混合物，在避光黑暗处反应十分缓慢，但在强光照射下则发生剧烈反应（连锁反应）并导致爆炸。

四、评价气体燃爆危险性的主要技术参数

1. 爆炸极限

可燃气体的爆炸极限是表征其爆炸危险性的一种主要技术参数，爆炸极限范围越宽，爆炸下限浓度越低，爆炸上限浓度越高，则燃烧爆炸危险性越大。可燃气体与蒸气在普通情况（20℃及 101 325Pa）下的爆炸极限范围见表 3 -6。

2. 爆炸危险度

可燃气体或蒸气的爆炸危险性还可以用爆炸危险度来表示。爆炸危险度是爆炸浓度极限范围与爆炸下限浓度之比值，其计算公式如下：

$$\text{爆炸危险度}=\frac{\text{爆炸上限浓度}-\text{爆炸下限浓度}}{\text{爆炸下限浓度}}$$

表 3－5　可燃气体和蒸气与空气混合物的最小点火能量

物质名称	最小点火能量(MJ)	物质名称	最小点火能量(MJ)	物质名称	最小点火能量(MJ)
饱和烃：		环氧丙烷	0.19	酯类：	
乙烷	0.285	环丙烷	0.24	醋酸甲酯	0.40
丙烷	0.305	环戊烷	0.54	醋酸乙烯酯	0.70
甲烷	0.47	环己烷	1.38	醋酸乙酯	1.42
戊烷	0.51	二氢吡喃	0.365	醚类：	
异丁烷	0.52	四氢吡喃	0.54	甲醚	0.33
异戊烷	0.70	环戊二烯	0.67	二甲氧基甲烷	0.42
庚烷	0.70	环己烯	0.525	乙醚	0.49
三甲基丁烷	1.0	卤代烃：		异丙醚	1.14
异辛烷	1.35	丙基氯	1.08	胺类：	
二甲基丙烷	1.57	丁基氯	1.24	三乙胺	0.75
二甲基戊烷	1.64	异丙基氯	1.55	异丙胺	2.0
不饱和烃：		丙基溴	1 000 不着火	乙胺	2.4
乙炔	0.019	醇类：		乙撑亚胺	0.48
乙烯基乙炔	0.082	甲醇	0.215	芳香烃类：	
乙烯	0.096	异丙基硫醇	0.53	呋喃	0.225
丙炔	0.152	异丙醇	0.65	噻吩	0.39
丁二烯	0.175	醛类：		苯	0.55
丙烯	0.282	丙烯醛	0.137	无机物：	
2－戊烯	0.51	丙醛	0.325	二硫化碳	0.015
1－庚烯	0.56	乙醛	0.376	氢	0.017
二异丁烯	0.96	酮类：		硫化氢	0.068
环状物：		丁酮	0.68	氨	1 000 不着火
环氧乙烷	0.087	丙酮	1.15		

表 3－6　可燃气体与蒸气在普通情况(20℃及 101 325Pa)下的爆炸极限

物质名称	爆炸下限(%)	爆炸上限(%)	物质名称	爆炸下限(%)	爆炸上限(%)
甲烷	5.00	15.00	丙酮	2.55	12.80
乙烷	3.22	12.45	氢氰酸	5.60	47.00
丙烷	2.37	9.50	醋酸	4.05	—
乙烯	2.75	28.60	醋酸甲酯	3.15	15.60
乙炔	2.50	80.00	醋酸戊酯	1.10	11.40
苯	1.41	6.75	松节油	0.80	—
甲苯	1.27	7.75	氢	4.00	74.00
二甲苯	1.00	6.00	一氧化碳	12.50	80.00
甲醇	6.72	36.50	氨	15.50	27.00
乙醇	3.28	18.95	二氧化碳	1.25	50.00
丙醇	2.55	13.50	硫化氢	1.30	45.50
异丙醇	2.65	11.80	氧硫化碳(COS)	11.90	28.50
甲醛	3.97	57.00	一氯甲烷	8.25	18.70
糠醛	2.10	—	溴甲烷	13.50	14.50
乙醚	1.85	36.50	苯胺	1.58	—

爆炸危险度说明,气体或蒸气的爆炸浓度极限范围越宽,爆炸下限浓度越低,爆炸上限浓度越高,其爆炸危险性就越大。几种典型气体的爆炸危险度见表 3－7。

表 3－7　典型气体的爆炸危险度

名称	爆炸危险度	名称	爆炸危险度
氨	0.87	汽油	5.00
甲烷	1.83	辛烷	5.32
乙烷	3.17	氢	17.78
丁烷	3.67	乙炔	31.00
一氧化碳	4.92	二硫化碳	59.00

3. 传爆能力

传爆能力是爆炸性混合物传播燃烧爆炸能力的一种度量参数,用最小传爆断面表示。当可燃性混合物的火焰经过两个平面间的缝隙或小直径管子时,如果其断面小到某个数值,由于游离基销毁的数量增加而破坏了燃烧条件,火焰即熄灭。这种阻断火焰传播的原理称为缝隙隔爆。

爆炸性混合物的火焰尚能传播而不熄灭的最小断面称为最小传爆断面。设备内部的可燃混合气被点燃后,通过25mm长的接合面,能阻止将爆炸传至外部的可燃混合气的最大间隙,称为最大试验安全间隙。可燃气体或蒸气爆炸性混合物,按照传爆能力的分级可见表3-8。

表3-8 可燃气体或蒸气爆炸性混合物按照传爆能力的分级

级别	1	2	3	4
间隙δ(mm)	$\delta>1.0$	$0.6<\delta\leq1.0$	$0.4<\delta\leq0.6$	$\delta\leq0.4$

4. 爆炸压力和威力指数

(1)爆炸压力。可燃性混合物爆炸时产生的压力为爆炸压力,它是度量可燃性混合物将爆炸时产生的热量用于做功的能力。发生爆炸时,如果爆炸压力大于容器的极限强度,容器便发生破裂。

各种可燃气体或蒸气的爆炸性混合物,在正常条件下的爆炸压力,一般都不超过1MPa,但爆炸后压力的增长速度却是相当大的。几种可燃气体或蒸气的爆炸压力及其增长速度可见表3-9。

表3-9 可燃气体或蒸气的爆炸压力及其增长速度

名称	爆炸压力(MPa)	爆炸压力增长速度(MPa/s)
氢	0.62	90
甲烷	0.72	—
乙炔	0.95	80
一氧化碳	0.7	—
乙烯	0.78	55
苯	0.8	3
乙醇	0.55	—
丁烷	0.62	15
氨	0.6	—

(2)爆炸威力。气体爆炸的破坏性还可以用爆炸威力来表示。爆炸威力是反映爆炸对容器或建筑物冲击度的一个量,它与爆炸形成的最大压力有关,同时还与爆炸压力的上升速度有关。

典型气体和蒸气的爆炸威力指数可参见表3-10。

表3-10　典型气体和蒸气的爆炸威力指数

名称	威力指数	名称	威力指数
丁烷	9.30	氢	55.80
苯	2.4	乙炔	76.00
乙烷	12.13		

5. 自燃点

可燃气体的自燃点不是固定不变的数值,而是受压力、密度、容器直径、催化剂等因素的影响。

一般规律为受压越高,自燃点越低;密度越大,自燃点越低;容器直径越小,自燃点越高。可燃气体在压缩过程中(如在压缩机中)较容易发生爆炸,其原因之一就是自燃点降低的缘故。在氧气中测定时,所得自燃点数值一般较低,而在空气中测定则较高。

同一物质的自燃点随一系列条件而变化,这种情况使得自燃点在表示物质火灾危险性上降低了作用,但在判定火灾原因时,就不能不知道物质的自燃点。所以在利用文献中的自燃点数据时,必须注意它们的测定条件。测定条件与所考虑的条件不符时,应该注意其间的变化关系。在普通情况下,可燃气体和蒸气的自燃点如表3-11所示。

爆炸性混合气处于爆炸下限浓度或爆炸上限浓度时的自燃点最高,处于完全反应浓度时的自燃点最低。在通常情况下,都是采用完全反应浓度时的自燃点作为标准自燃点。例如,硫化氢在爆炸下限时的自燃点为373℃,在爆炸上限时的自燃点为304℃,在完全反应浓度时的自燃点是216℃,故取用216℃作为硫化氢的标准自燃点。因此,应当根据爆炸性混合气的自燃点选择防爆电器的类型,控制反应温度,设计阻火器的直径,采取隔离热源的措施等。与爆炸性混合物接触的任何物体,如电动机、反应罐、暖气管道等,其外表面的温度必须控制在接触的爆炸性混合物的自燃温度以下。

表 3－11　可燃气体和蒸气在普通情况下的自燃点

物质名称	自燃点(℃)	物质名称	自燃点(℃)	物质名称	自燃点(℃)
甲烷	650	硝基甲苯	482	丁醇	337
乙烷	540	蒽	470	乙二醇	378
丙烷	530	石油醚	246	醋酸	500
丁烷	429	松节油	250	醋酐	180
乙炔	406	乙醚	180	醋酸戊酯	451
苯	625	丙酮	612	醋酸甲酯	451
甲苯	600	甘油	348	氨	651
乙苯	553	甲醇	430	一氧化碳	644
二甲苯	590	乙醇(96%)	421	二硫化碳	112
苯胺	620	丙醇	377	硫化氢	216

为了使防爆设备的表面温度限制在一个合理的数值上，将在标准试验条件下的爆炸性混合物按其自燃点分组（见表 3－12）。

表 3－12　爆炸性混合物按自燃点分组　　单位：℃

组别	爆炸性混合物自燃温度 T	组别	爆炸性混合物自燃温度 T
T_a	$450 < T$	T_d	$135 < T \leqslant 200$
T_b	$300 < T \leqslant 450$	T_e	$100 < T \leqslant 135$
T_c	$200 < T \leqslant 300$		

6. 化学活泼性

（1）可燃气体的化学活泼性越强，其火灾爆炸的危险性越大。化学活泼性强的可燃气体在通常条件下即能与氯、氧及其他氧化剂起反应，发生火灾和爆炸。

（2）气态烃类分子结构中的价键越多，化学活泼性越强，火灾爆炸的危险性越大。例如，乙烷、乙烯和乙炔分子结构中的价键分别为单键（$H_3C—CH_3$）、双键（$H_2C═CH_2$）和叁键（$HC≡CH$），则它们的燃烧爆炸和自燃的危险性依次增加。

7. 相对密度

（1）与空气密度相近的可燃气体，容易互相均匀混合，形成爆炸性混合物。

（2）比空气重的可燃气体沿着地面扩散，并易窜入沟渠、厂房死角处，长时间聚集不散，遇火源则发生燃烧或爆炸。

(3)比空气轻的可燃气体容易扩散,而且能顺风飘动,会使燃烧火焰蔓延、扩散。

(4)应当根据可燃气体的密度特点,正确选择通风排气口的位置,确定防火间距值以及采取防止火势蔓延的措施。

(5)气体的相对密度是指对空气质量之比,各种可燃气体对空气的相对密度可通过下式计算:

$$d = \frac{M}{29} \tag{3-1}$$

式中:M——气体的摩尔质量;

29——空气的平均摩尔质量。

8. 扩散性

(1)扩散性是指物质在空气及其他介质中的扩散能力。

(2)可燃气体(蒸气)在空气中的扩散速度越快,火灾蔓延扩展的危险性就越大。气体的扩散速度取决于扩散系数的大小。几种可燃气体的相对密度和标准状态下的扩散系数可见表3-13。

表3-13　几种可燃气体的比重和标准状况下的扩散系数

气体名称	扩散系数(cm^2/s)	相对密度	气体名称	扩散系数(cm^2/s)	相对密度
氢	0.634	0.07	乙烯	0.130	0.79
乙炔	0.194	0.91	甲醚	0.118	1.58
甲烷	0.196	0.55	液化石油气(丙烷)	0.121	1.56
氨	0.198	0.59			

9. 可压缩性和受热膨胀性

(1)气体与液体比较有很大的弹性。气体在压力和温度的作用下,容易改变其体积,受压时体积缩小,受热即体积膨胀。当容积不变时,温度与压力成正比,即气体受热温度越高,它膨胀后形成的压力也越大。

(2)气体的压力、温度和体积之间的关系,可用理想气体状态方程式表示:

$$pV = nRT \tag{3-2}$$

式中:p——气体压力,MPa;

V——气体体积,m^3 或 L 等;

n——气体的摩尔数;

R——气体常数,为 $8.315Pa \cdot m^3 \cdot mol^{-1} \cdot K^{-1}$ 或 $0.008\,205MPa \cdot L \cdot mol^{-1} \cdot K^{-1}$;

T——热力学温度,K。

理想气体状态方程式的计算值与真实气体有一定的误差,而且随着压力提高,误差往往加大。

式(3-2)表明,盛装压缩气体或液体的容器(钢瓶)如受高温、日晒等作用,气体就会急剧膨胀,产生很大压力,当压力超过容器的极限强度时,就会引起容器的爆炸。

第二节　可燃液体

凡遇火、受热或与氧化剂接触能着火和爆炸的液体,都称为可燃液体。

一、燃烧形式和液体火灾

大部分液体的燃烧是由于受热气化形成蒸气以后,按气体的燃烧方式(扩散燃烧或动力燃烧)进行。

液面上的蒸气点燃后则产生火焰并出现热量的扩展,火焰向液面的传热主要靠辐射;而火焰向液体里层的传热方式主要是传导和对流。

1. 沸溢火灾

(1)贮槽内的液体在燃烧过程中,如果延续的时间较长,除了表面被加热外,其里层也会逐渐被预热。对于沸腾温度比贮槽侧壁温度高的可燃液体,其里层的加热是以传导方式进行的,随着离开液面距离的加大,里层的温度很快下降。因此,这类液体燃烧时里层预热的情况是不严重的。

(2)对于沸腾温度比贮槽侧壁温度低的可燃液体,是以对流的方式沿整个深度进行加热的。这种在较大深度内进行的加热,可造成该液体(尤其是含有水分时)由于剧烈沸腾而溢出或溅落在附近地面,使火蔓延。

(3)由多种成分组成的液体在燃烧时液相和气相的成分发生变化。例如,重油、黑油等石油产品的燃烧,由于分馏的结果,液相上层逐渐积累起沥青质、树脂质及焦炭的产物,这些产物的密度都大于液体本身,因而就往下沉并加热深处的液体。如果油中含有水分,则有可能使水沸腾而使石油产品从槽中溢出,扩大火灾的危险性。

(4)图3-6所示为油罐沸溢火灾的过程。该图表明,在燃烧的作用下,使靠近液面的油层温度上升,油品黏度变小,在水滴向下沉积的同时,受热油的作用而蒸发变成蒸气泡,于是呈现沸腾现象,如图3-6(a)所示。蒸气泡被油膜包围形成大量油泡群,体积膨胀,溢出罐外,形成如图3-6(b)所示的沸溢。

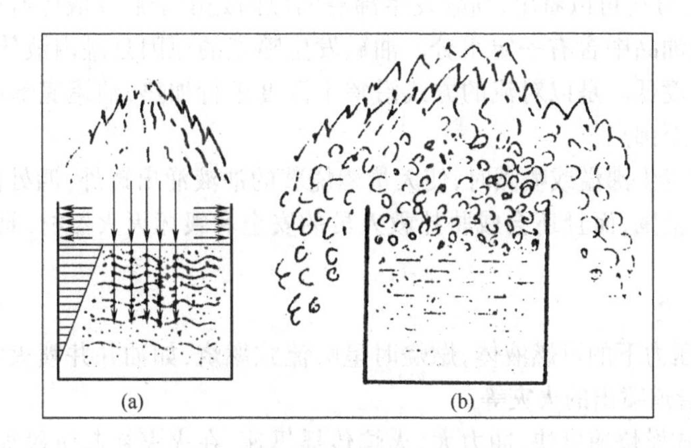

图 3－6　油罐沸溢火灾示意图

2. 喷溅火灾

如图 3－7 所示，当贮槽内有水垫时，上述沸腾温度比贮槽温度低的可燃液体，或者由多种成分组成的可燃液体的分馏产物，将以对流的方式使高温层 1 在较大深度内加热水垫如图 3－7(a) 所示，水便气化产生大量蒸汽，随着蒸汽压力的逐渐增高，达到蒸汽压力足以把其上面的油层抛向上空，而向四周喷溅，如图 3－7(b) 所示。

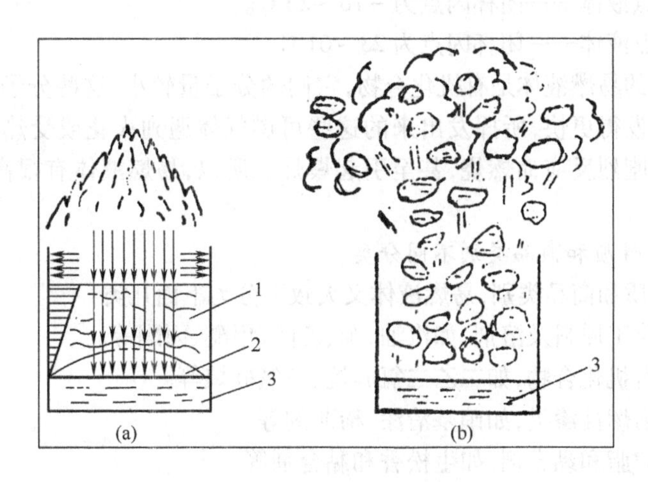

图 3－7　油罐喷溅火灾示意图

1—高温层；2—水蒸气；3—水垫

根据以上分析可以看出，油罐发生沸溢的原因是由于贮存液体有较大的黏度、较高的沸点及油品中含有一定水分。油罐发生喷溅的原因是罐内液体的沸腾温度比贮罐侧壁温度低。是以对流的方式沿整个深度进行加热，油罐底部有沉积水层，并且能被加热至沸点。

油罐火灾发生沸溢或喷溅时，使大量燃烧着的油液涌出罐外，四处流散，不但会迅速扩大火灾范围，而且还会威胁扑救人员的安全和毁坏灭火器材，具有很大的危险性。

3. 喷流火灾

(1)处于压力下的可燃液体，燃烧时呈喷流式燃烧，如油井井喷火灾，高压燃油系统从容器、管道喷出的火灾等。

(2)喷流式燃烧速度快，冲力大，火焰传播迅速，在火灾初起阶段如能及时切断气源，如关闭阀门等，较易扑灭；燃烧时间延长，能造成熔孔扩大、窑门或井口装置被严重烧损等，会迅速扩大火势，则较难扑救。

二、可燃液体的分类

1. 按闪点分类

可燃液体的分类主要是按闪点的不同，根据 GB 6944—2012，将可燃液体分为：

(1)低闪点液体——闭杯闪点低于 -18℃。

(2)中闪点液体——闭杯闪点为 -18 ~ 23℃。

(3)高闪点液体——闭杯闪点为 23 ~ 61℃。

绝大多数的易燃液体是有机化合物，它们的分子量较小，这些分子易于挥发，特别是受热后挥发得更快，所挥发出来的这些可燃气体遇到火花或受热，立即就与空气中的氧发生剧烈反应而燃烧，甚至引起爆炸。所以，易燃液体有很高的火灾爆炸危险性。

2. 按化学性质和商品类别不同分类

按化学性质和商品类别，易燃液体又大致可分为下面几类：

(1)化学化工原料及溶剂，如汽油、苯、乙醇、甲醚、丙酮等。

(2)硅的有机化合物，如二乙二氯硅烷、三氯硅烷等。

(3)各种易燃性漆类，如硝基清漆、稀薄剂等。

(4)各种树脂和黏合剂，如生松香和黏合剂等。

(5)各种油墨和调色油，如影写板油墨和照相油色等。

(6)含有易燃液体的物品，如擦铜水等。

(7)盛放于易燃液体中的物品，如金属镧、铷、铈等盛放于易燃液体煤油中。

(8)其他,如二硫化碳、胶棉液等。

三、液体的燃烧速度

液体燃烧速度取决于液体的蒸发。液体在其自由表面上进行燃烧时,燃烧速度有两种表示方法:一种是液体的燃烧直线速度,即单位时间被燃烧消耗的液层厚度,单位为 mm/min 或 cm/h;一种是液体的燃烧质量速度,即单位时间内每单位面积上被燃烧消耗的液体质量,单位为 $g/(cm^2 \cdot min)$ 或 $kg/(m^2 \cdot h)$。几种液体的燃烧速度见表 3-14。

表 3-14　几种液体的燃烧速度

液体名称	直线速度(mm/min)	质量速度[$kg/(m^2 \cdot h)$]
甲醇	1.2	57.6
丙酮	1.4	66.36
乙醚	2.93	125.84
苯	3.15	165.37
甲苯	16.08	138.29
航空汽油	12.6	91.98
车用汽油	10.5	80.85
二硫化碳	10.47	132.97
煤油	6.6	55.11

为加快液体的燃烧速度和提高燃烧效率,可采用喷雾燃烧,即通过喷嘴将液体喷成雾滴,从而扩大液体蒸发的表面积,促使提高燃烧速度和燃烧效率。若在油中掺水,即为乳化燃烧。

提高液体的初始温度,会加快燃烧速度。例如,苯在初温为 16℃时,燃烧速度为 3.15mm/min,70℃时则为 4.07mm/min;甲苯在初温为 17℃时,燃烧速度为 2.68mm/min,60℃时则为 4.01mm/min。液体在贮罐内液面的高低不同,燃烧速度亦不同,贮罐中低液位燃烧比高液位燃烧的速度快。含有水分比不含水分的石油产品燃烧速度慢。风速对火焰蔓延速度也有很大影响,风速大时,火焰温度高,液面的热量多,燃烧速度增快。液体燃烧速度还与贮罐直径有关。

四、可燃液体的爆炸极限

可燃液体的爆炸极限有两种表示方法：一是可燃蒸气的爆炸浓度极限，有上、下限之分，以“%”（体积分数）表示；二是可燃液体的爆炸温度极限，也有上、下限之分，以“℃”表示。因为可燃蒸气的浓度是在可燃液体一定的温度下形成的，因此爆炸温度极限就体现着一定的爆炸浓度极限，两者之间有相应的关系。例如，酒精的爆炸温度极限为11～40℃，与此相对应的爆炸浓度极限为3.3%～18%。液体的温度可随时方便地测出，与通过取样和化验分析来测定蒸气浓度的方法相比要简便得多。

几种可燃液体的爆炸温度极限和爆炸浓度极限的比较见表3－15。

表3－15　液体的爆炸温度极限和爆炸浓度极限

液体名称	爆炸浓度极限(%)	爆炸温度极限(℃)
酒精	3.3～18	11～40
甲苯	1.2～7.75	1～31
松节油	0.8～62	32～53
车用汽油	0.79～5.16	－39～－8
灯用煤油	1.4～7.5	40～86
乙醚	1.85～35.5	－45～13
苯	1.5～9.5	－14～12

五、评价液体燃爆危险性的主要技术参数

评价可燃液体火灾爆炸危险性的主要技术参数是闪点、饱和蒸气压和爆炸极限。此外，还有液体的其他性能，如相对密度、流动扩散性、沸点和膨胀性等。

1. 饱和蒸气压

饱和蒸气是指在单位时间内从液体蒸发出来的分子数等于回到液体里的分子数的蒸气。在密闭容器中，液体都能蒸发成饱和蒸气。饱和蒸气所具有的压力叫作饱和蒸气压力，简称蒸气压力，单位帕斯卡（Pa）。

可燃液体的蒸气压力越大，则蒸发速度越快，闪点越低，所以火灾危险性越大。蒸气压力是随着液体温度而变化的，即随着温度的升高而增加，超过沸点时的蒸气压力，能导致容器爆裂，造成火灾蔓延。表3－16列举了一些常见可燃液体的饱和蒸气压力。

表 3－16　几种易燃液体的饱和蒸气压

饱和蒸气压(Pa) / 温度(℃) / 液体名称	－20	－10	0	＋10	＋20	＋30	＋40	＋50	＋60
丙酮	—	5 160	8 443	14 705	24 531	37 330	55 902	81 168	115 510
苯	991	1 951	3 546	5 966	9 972	15 785	24 198	35 824	52 329
航空汽油	—	—	11 732	15 199	20 532	27 988	37 730	50 262	—
车用汽油	—	—	5 333	6 666	9 333	13 066	18 132	24 065	—
二硫化碳	6 463	11 199	17 996	27 064	40 237	58 262	82 260	114 217	156 040
乙醚	8 933	14 972	24 583	28 237	57 688	84 526	120 923	168 626	216 408
甲醇	836	1 796	3 576	6 773	11 822	19 998	32 464	50 889	83 326
乙醇	333	747	1 627	3 173	5 866	10 412	17 785	29 304	46 863
丙醇	—	—	436	952	1 933	3 706	6 773	11 799	18 598
丁醇	—	—	—	271	628	1 227	2 386	4 413	7 893
甲苯	232	456	901	1 693	2 973	4 960	7 906	12 399	18 598
乙酸甲酯	2 533	4 686	8 279	13 972	22 638	35 330	—	—	—
乙酸乙酯	867	1 720	3 226	5 840	9 706	15 825	24 491	37 637	55 369
乙酸丙酯	—	—	933	2 173	3 413	6 433	9 453	16 186	22 918

根据可燃液体的蒸气压力，就可以求出蒸气在空气中的浓度，其计算式为：

$$C = \frac{p_Z}{p_H} \tag{3-3}$$

式中：C——混合物中的蒸气浓度，%；

p_Z——在给定温度下的蒸气压力，Pa；

p_H——混合物的压力，Pa。

如果 p_H 等于大气压力，即 101 325Pa(760mmHg)，则可将计算式改写为：

$$C = \frac{p_Z}{101\ 325} \tag{3-4}$$

[例 1]桶装甲苯的温度为 20℃，而大气压力为 101 325Pa。试求甲苯的饱和蒸气浓度。

[解]从表 3-16 查得甲苯在 20℃时饱和蒸气压力 p_Z 为 2 973Pa,代入式(3-4)即得:

$$C=\frac{2\ 973}{101\ 325}=2.93\%$$

答:桶装甲苯在 20℃时的饱和蒸气浓度为 2.93%。从表 3-6 中可以查出甲苯的爆炸极限为 1.27%~7.75%,比较例题中求得甲苯的蒸气浓度,即可说明甲苯在 20℃时具有爆炸危险。

由于可燃液体的蒸气压力是随温度而变化的,因此可以利用饱和蒸气压来确定可燃液体在贮存和使用时的安全温度和压力。

[例 2]有一个苯罐的温度为 10℃,确定是否有爆炸危险?如有爆炸危险,请问应选择什么样的贮存温度比较安全?

[解]先求出苯在 10℃时的蒸气压力为 5 960Pa,代入式(3-4),则

$$C=\frac{p_Z}{101\ 325}=\frac{5\ 960}{101\ 325}=5.89\%$$

苯的爆炸极限为 1.5%~9.5%,故苯在 10℃时具有爆炸危险。

消除形成爆炸浓度的温度有两个可能:一是低于闪点的温度;二是高于爆炸上限的温度。但苯的闪点为-14℃,而苯的凝固点为 5℃,若贮存温度低于闪点,苯就会凝固。因此,安全贮存温度应采取高于爆炸上限的温度。已知苯的爆炸上限为 9.5%,代入下式:

$$p_Z=101\ 325C=(101\ 325\times0.095)\text{Pa}=9\ 625.8\ \text{Pa}$$

从表 3-16 查得苯的蒸气压力为 9 625.8Pa 时,处于 10~20℃范围内,用内插法求得:

$$\left[10+\frac{(9\ 625.8-5\ 966)\times10}{9\ 972-5\ 966}\right]℃=(10+9)℃=19℃$$

答:贮存苯的安全温度应高于 19℃。

[例 3]某厂在车间中使用丙酮作溶剂,操作压力为 500kPa,操作温度为 25℃。请问丙酮在该压力和温度下有无爆炸危险?如有爆炸危险,应选择何种操作压力比较安全?

[解]先求出丙酮的蒸气浓度。从表 3-16 查得丙酮在 25℃时的蒸气压力为 30 931Pa,代入式(3-3)得出丙酮在 500kPa 下的蒸气浓度:

$$C=\frac{p_Z}{p_H}=\frac{30\ 931}{500\ 000}=6.2\%$$

丙酮的爆炸极限为 2%~13%,说明在 500kPa 压力下丙酮是有爆炸危险的。

如果温度不变，那么为保证安全则操作压力可以考虑选择常压或负压。如选择常压，则浓度为：

$$C=\frac{p_Z}{101\ 325}=\frac{30\ 931}{101\ 325}=30.5\%$$

如选择负压，假设真空度为 39 997Pa，则浓度为：

$$C=\frac{p_Z}{p_H}=\frac{30\ 931}{101\ 325-39\ 997}=50.4\%$$

显然在常压或负压的两种压力下，丙酮的蒸气浓度都超过爆炸上限，无爆炸危险。但相比之下，负压生产比较安全。

2. 爆炸极限

可燃液体的着火和爆炸是蒸气而不是液体本身，因此爆炸极限对液体燃爆危险性的影响和评价同可燃气体。

可燃液体的爆炸温度极限可以用仪器测定，也可利用饱和蒸气压公式，通过爆炸浓度极限进行计算。

[例4]已知甲苯的爆炸浓度极限为 1.27%～7.75%，大气压力为 101 325Pa。试求其爆炸温度极限。

[解]先求出甲苯在 101 325Pa 下的饱和蒸气压：

$$p_Z=\left[\frac{1.27\times 101\ 325}{100}\right]\text{Pa}=1\ 286.83\text{Pa}$$

从表 3－16 查得甲苯在 1 286.83Pa 蒸气压力下，处于 0～10℃，利用内插法求得甲苯的爆炸温度下限：

$$\left[\frac{(1\ 286.83-901)\times 10}{1\ 693-901}\right]℃=\left[\frac{3\ 858.3}{792}\right]℃=4.87℃$$

再利用式(3－3)求甲苯的爆炸温度上限：

$$p_Z=\frac{7.75\times 101\ 325}{100}=7\ 852.69\text{Pa}$$

从表 3－16 查得甲苯在 6 839.43Pa 蒸气压力下处于 30～40℃，利用内插法求得甲苯的爆炸温度上限：

$$\left[30+\frac{(7\ 582.69-4\ 960)\times 10}{7\ 906-4\ 960}\right]℃=\left[\frac{30+26\ 226.9}{2\ 946}\right]℃=38.9℃$$

答：在 101 325Pa 大气压力下，甲苯的爆炸温度极限为 4.87～38.9℃。

3. 闪点

可燃液体的闪点越低越易起火燃烧。因为在常温甚至在冬季低温时，只要遇到明火就可能发生闪燃，所以具有较大的火灾爆炸危险性。可燃液体的闪点见表

1－1。为便于闪点特性的讨论,现将几种常见液体的闪点列于表3－17。可燃液体的闪点随其浓度而变化,见表1－2。

表3－17 几种常见可燃液体的闪点

物质名称	闪点(℃)	物质名称	闪点(℃)	物质名称	闪点(℃)
甲醇	7	苯	－14	醋酸丁酯	13
乙醇	11	甲苯	4	醋酸戊酯	25
乙二醇	112	氯苯	25	二硫化碳	－45
丁醇	35	石油	－21	二氯乙烷	8
戊醇	46	松节油	32	二乙胺	26
乙醚	－45	醋酸	40	航空汽油	－44
丙酮	－20	醋酸乙酯	1	煤油	18
		甘油	160	车用汽油	－39

两种可燃液体混合物的闪点,一般是位于原来两液体的闪点之间,并且低于这两种可燃液体闪点的平均值。例如,车用汽油的闪点为－39℃,照明用煤油的闪点为40℃,如果将汽油和煤油按1∶1的比例混合,那么混合物的闪点应低于

$$\left[\frac{-36+40}{2}\right]℃=2℃$$

在易燃的溶剂中掺入四氯化碳,其闪点即提高,加入量达到一定数值后,不能闪燃。例如,在甲醇中加入41%的四氯化碳,则不会出现闪燃现象,这种性质在安全上可加以利用。

各种可燃液体的闪点可用专门仪器测定,也可用计算法求定。可燃液体的闪点利用饱和蒸气压力进行计算时,可有以下几种计算方法。

(1)利用爆炸浓度极限求闪点和爆炸温度极限。

[例5]已知乙醇的爆炸浓度极限为3.3%～18%,试求乙醇的闪点和爆炸温度极限。

[解]乙醇在爆炸浓度下限(3.3%)时的饱和蒸气压为:

$$p_Z=101\ 325C\ \text{Pa}=(101\ 325\times0.033)\text{Pa}=3\ 343.73\text{Pa}$$

从表3－16查得乙醇蒸气压力为3 343.73Pa时,其温度处于10～20℃,并且在10℃和20℃时的蒸气压分别为3 173Pa和5 866Pa。可用内插法求得闪点和爆炸温度下限:

$$\left[10+\frac{(3\,343.73-3173)\times 10}{5\,866-3173}\right]℃=(10+0.6)℃=10.6℃$$

再按式(3－4)求出乙醇的爆炸温度上限：

$$C=\frac{p_Z}{101\,325}$$

$$p_Z=0.18\times 101\,325\text{Pa}=18238.5\text{Pa}$$

从表3－16中查得乙醇在18 238.5Pa蒸气压力时的温度约等于40℃。

答：乙醇的闪点约为10.6℃，其爆炸温度极限为10.6～40℃。

(2)多尔恩顿公式。

$$p_S=\frac{p_H}{1+(n-1)\times 4.76} \tag{3-5}$$

式中：p_S——与闪点相适应的液体饱和蒸气压，Pa；

p_H——液体蒸气与空气混合物的总压力，通常等于101 325Pa；

n——燃烧1mol液体所需氧的原子数，可通过燃烧反应式确定(常见可燃液体的n值见表3－18)。

表3－18　常见可燃性液体的n值

液体名称	分子式	n值	液体名称	分子式	n值
苯	C_6H_6	15	甲醇	CH_3OH	3
甲苯	$C_6H_5CH_3$	18	乙醇	C_2H_5OH	6
二甲苯	$C_6H_4(CH_3)_2$	20	丙醇	C_3H_7OH	9
乙苯	$C_6H_5C_2H_5$	21	丁醇	C_4H_9OH	12
丙苯	$C_6H_5C_3H_7$	24	丙酮	CH_3COCH_3	8
己烷	C_6H_{14}	19	二硫化碳	CS_2	6
庚烷	C_7H_{16}	22	乙酸乙酯	$CH_3COOC_2H_5$	10

[例6]试计算苯在101 325Pa大气压下的闪点。

[解]根据燃烧反应式求出n值：

$$C_6H_6+7.5O_2 = 6CO_2+3H_2O$$

$$n=15$$

根据式(3－5)，计算在闪燃时的饱和蒸气压：

$$p_S=\frac{p_H}{1+(n-1)\times 4.76}=\frac{101\,325\text{Pa}}{1+(15-1)\times 4.76}=1\,498\text{Pa}$$

从表 3-16 查得苯在 1 498Pa 蒸气压力下处于 -20 ~ -10℃，用内插法求得其闪点：

$$\left[-20+\frac{(1\ 498-991)\times 10}{1\ 951-991}\right]℃=-14.7℃$$

答：苯在 101 325Pa 的压力下闪点为 -14.7℃。

（3）布里诺夫公式。

$$p_S=\frac{Ap_H}{D_0\beta} \tag{3-6}$$

式中：p_S——与闪点相适应的液体饱和蒸气压，Pa；

p_H——液体蒸气与空气混合的总压力，通常等于 101 325Pa；

A——仪器的常数；

β——燃烧 1mol 液体所需氧的物质的量；

D_0——液体蒸气在空气中标准状态下的扩散系数。

常见液体蒸气在空气中的扩散系数（D_0）见表 3-19。

表 3-19　常见液体蒸气在空气中的扩散系数

液体名称	在标准状况下的扩散系数	液体名称	在标准状况下的扩散系数
甲醇	0.132 5	乙醚	0.077 8
乙醇	0.102	乙酸	0.106 4
丙醇	0.085	乙酸乙酯	0.071 5
丁醇	0.070 3	乙酸丁酯	0.085
戊醇	0.058 9	二硫化碳	0.089 2
苯	0.077	丙酮	0.086
甲苯	0.007 9		

运用式（3-6）进行计算时，需首先根据已知某一液体的闪点求出 A 值，然后再进行计算。

［例 7］已知甲苯的闪点为 5.5℃，大气压为 101 325Pa，试求苯的闪点。

［解］先根据甲苯的闪点求出 A 值。

从表 3-16 中算出甲苯在 5.5℃时的蒸气压力为 1 333.22Pa。β 值等于 $n/2$，即 $18/2=9$。

D_0 值为 0.0709，代入式（3-6）：

$$A=\frac{p_SD_0\beta}{101\ 325}=\frac{1\ 333.22\times 0.070\ 9\times 9}{101\ 325}\approx 0.008\ 4$$

再按式(3－6)求苯在闪燃时的蒸气压力：

$$p_S = \frac{Ap_H}{D_0\beta} = \left(\frac{0.008\,4 \times 101\,325}{0.077 \times 7.5}\right)\text{Pa} \approx 1\,473.8\text{Pa}$$

从表3－16查得苯在1 473.8Pa蒸气压力下，处于－20～－10℃，用内插法求得苯的闪点为：

$$\left[-20 + \frac{(1\,473.8 - 991) \times 10}{1\,951 \times 991}\right]℃ \approx -15℃$$

答：在大气压力为101 325Pa时苯的闪点为－15℃。

4. 受热膨胀性

热胀冷缩是一般物质的共性，可燃液体贮存于密闭容器中，受热时由于液体体积的膨胀，蒸气压也会随之增大，有可能造成容器的鼓胀，甚至引起爆炸事故。可燃液体受热后的体积膨胀值，可用下式计算：

$$V_t = V_0(1 + \beta t) \tag{3-7}$$

式中：V_t，V_0——液体t和0℃时的体积，L；

t——液体受热后的温度，℃；

β——体积膨胀系数，即温度升高1℃时，单位体积的增量。

几种液体在0～100℃的平均体积膨胀系数见表3－20。

表3－20　液体在0～100℃的平均体积膨胀系数

液体名称	体积膨胀系数	液体名称	体积膨胀系数
乙醚	0.001 60	戊烷	0.001 60
丙酮	0.001 40	煤油	0.000 90
苯	0.301 20	石油	0.000 70
甲苯	0.001 10	醋酸	0.001 40
二甲苯	0.000 95	氯仿	0.001 40
甲醇	0.001 40	硝基苯	0.000 83
乙醇	0.001 10	甘油	0.000 50
二硫化碳	0.001 20	苯酚	0.000 89

[例8]玻璃瓶装乙醚，存放在暖气片旁，试问这样放乙醚玻璃瓶有无危险？（玻璃瓶体积为24L，并留有5%的空间。暖气片的散热温度平均为60℃）

[解]从表3－20查得乙醚的体积膨胀系数为0.001 6，根据式(3－7)求出乙醚

受热达到60℃时的总体积

$$V_t = V_0(1+\beta t) = [(24-24\times5\%)\times(1+0.001\,60\times60)]\text{L}$$
$$= [22.8(1+0.096)]\text{L} = 24.988\text{L}$$

乙醚的原体积为22.8L,实际增加的体积应为:

$$(24.988-22.8)\text{L}\approx2.19\text{L}$$

而乙醚玻璃瓶原有5%的空间,体积为24L×5%=1.2L,显然膨胀增加的体积已超过预留空间:(2.19-1.2)L=0.99L。同时,乙醚在60℃时的蒸气压已达到230 008Pa。

答:乙醚玻璃瓶存放在暖气片旁有爆炸危险,应移放在其他安全地点。

通过以上分析可以看出,尽管液体分子间的引力比气体大得多,它的体积随温度的变化比气体小得多,而压力对液体的体积影响相对于气体来说就更小了。但是,对于液体具有的这种受热膨胀性质,从安全角度出发仍需加以注意并应采取必要的措施。如对盛装易燃液体的容器应按规定留出足够的空间,夏天要贮存于阴凉处或用淋水降温法加以保护等。

5. 其他燃爆性质

(1)沸点。液体沸腾时的温度(即蒸气压等于大气压时的温度)称为沸点。沸点低的可燃液体,蒸发速度快,闪点低,因而容易与空气形成爆炸性混合物。所以,可燃液体的沸点越低,其火灾和爆炸危险性越大。

低沸点的液体在常温下,其蒸气数量与空气能形成爆炸性混合物。

(2)相对密度。同体积的液体和水的质量之比,称为相对密度。可燃液体的相对密度大多小于1。相对密度越小,则蒸发速度越快,闪点也越低,因而其火灾爆炸的危险性越大。

可燃蒸气的相对密度是其摩尔质量和空气摩尔质量之比。大多数可燃蒸气都比空气重,能沿地面漂浮,遇着火源能发生火灾和爆炸。

比水轻且不溶于水的液体着火时,不能用直流水扑救。比水重且不溶于水的可燃液体(如二硫化碳)可贮存于水中,既能安全防火,又经济方便。

(3)流动扩散性。流动性强的可燃液体着火时,会促使火势蔓延,扩大燃烧面积。液体流动性的强弱与其黏度有关,黏度以厘泊表示。黏度越低,则液体的流动扩散性越强,反之就越差。

可燃液体的黏度与自燃点有这样的关系:黏稠液体的自燃点比较低,不黏稠液体的自燃点比较高。例如,重质油料沥青是黏稠液体,其自燃点为280℃;苯是不黏稠透明液体,自燃点为580℃。黏稠液体的自燃点比较低是由于其分子间隔小,蓄热条件好的原因。

(4)带电性。大部分可燃液体是高电阻率的电介质(电阻率在10~15Ω·cm范围内)，具有带电能力，如醚类、酮类、酯类、芳香烃类、石油及其产品等。有带电能力的液体在灌注、运输和流动过程中，都有因摩擦产生静电放电而发生火灾的危险。

醇类、醛类和羧酸类不是电介质，电阻率低，一般都没有带电能力，其静电火灾危险性较小。

(5)分子量。同一类有机化合物中，一般是分子量越小，沸点越低，闪点也越低，所以火灾爆炸危险性也越大。分子量大的可燃液体，其自燃点较低，易受热自燃，如甲醇、乙醇(见表3－21)。

表3－21　几种醇类同系物分子量与闪点和自燃点的关系

醇类同系物	分子式	分子量	沸点(℃)	闪点(℃)	自燃点(℃)	热值(kJ/kg)
甲醇	CH_3OH	32	64.7	7	445	23 865
乙醇	C_2H_5OH	46	78.4	11	414	30 991
丙醇	C_3H_7OH	60	97.8	23.5	404	34 792

不饱和的有机化合物比饱和的有机化合物的火灾危险性大，如乙炔 > 乙烯 > 乙烷。

第三节　可燃固体

凡遇火、受热、撞击、摩擦或与氧化剂接触能着火的固体物质，统称为可燃固体。

一、固体燃烧过程和分类

熔点低的固体物质燃烧时，是受热后先熔化，再蒸发产生蒸气并分解、氧化而燃烧，如沥青、石蜡、松香、硫、磷等；复杂的固体物质燃烧时，为受热时直接分解析出气态产物，再氧化燃烧，如木材、煤、纸张、棉花、塑料、人造纤维等；焦炭和金属等燃烧时呈炽热状态，无火焰发生，属于无焰燃烧。

复杂固体物质的燃烧，从防火角度出发，以木材的燃烧最值得注意。木材遇到火焰时，先是受热升温，在110℃以下只放出水分；130℃时开始分解，150～200℃以下分解出来的主要是水和二氧化碳，并不能燃烧；在200℃以上分解出一氧化碳、氢和碳氢化合物，此时木材开始燃烧，到300℃时析出的气体产物最多，燃烧也最强烈。

木材的燃烧除了产生气态产物的有火焰燃烧外，还有木炭的无火焰燃烧。在开始燃烧析出可燃气体时，木炭不能燃烧，因为火焰阻止氧接近木炭。随着木炭层的加厚,阻碍了火焰的热量传入里层的木材,因而减少了气态物质的分解,火焰变弱,于是木炭灼热而燃烧,木材表面的温度也随之升高,达到600~700℃。木炭的燃烧又使木炭层变薄,露出新的木材,进行分解,这样一直继续到全部木材分解完毕。此后就只有木炭的燃烧,再没有火焰发生。

木材的有火焰燃烧阶段对火灾发展起着决定的作用,这阶段所占的时间虽短,但所放出的热量大,火焰的高温与热辐射促使火灾蔓延。因此,在灭火工作中,与木材的有火焰燃烧做斗争最为重要。

固体按燃烧的难易程度分为易燃固体和可燃固体两类。在危险物品的管理上,对于熔点较高的可燃性固体,通常以燃点300℃作为划分易燃固体和可燃固体的界线。

易燃固体按危险性程度又可分为一、二两级:一级易燃固体的燃点低,易于燃烧和爆炸,燃烧速度快,并能放出剧毒的气体,如红磷、三硫化磷、五硫化磷、二硝基甲苯、闪光粉等;二级易燃固体的燃烧性能比一级易燃固体差,燃烧速度较慢,燃烧产物的毒性较小,例如硫磺、赛璐珞板、萘及镁粉、铝粉、锰粉等。

二、固体燃烧速度

固体物质的燃烧速度一般小于可燃气体和液体,特别是有些固体的燃烧过程需先受热熔化,经蒸发、气化、分解再氧化燃烧,所以速度慢。

固体的燃烧速度与燃烧比表面积(即固体的表面积与其体积的比值)有关,比表面积越大,燃烧时固体单位体积所受的热量越大,因此燃烧速度越快。比表面积的大小与固体的粒度、几何形状等有关。此外,可燃固体的密度越大,燃烧速度越慢;固体的含水量越多,燃烧速度亦越慢。表3-22列出某些固体的燃烧速度。

表3-22 某些固体物质的燃烧速度

物质名称	燃烧的平均速度 [kg/(m^2·h)]	物质名称	燃烧的平均速度 [kg/(m^2·h)]
木材(水分14%)	50	棉花(水分6%~8%)	8.5
天然橡胶	30	聚苯乙烯树脂	30
人造橡胶	24	纸张	24
布质电胶木	32	有机玻璃	41.5
酚醛塑料	10	人造短纤维(水分6%)	21.6

三、评价固体火灾危险性的主要技术参数

1. 燃点

燃点是表征固体物质火灾危险性的主要参数。燃点低的可燃固体在能量较小的热源作用下,或者受撞击、摩擦等,会很快受热升温达到燃点而着火。所以,可燃固体的燃点越低,越容易着火,火灾危险性就越大。控制可燃物质的温度在燃点以下是防火措施之一。

2. 熔点

物质由固态转变为液态的最低温度称为熔点。熔点低的可燃固体受热时容易蒸发或气化,因此燃点也较低,燃烧速度则较快。某些低熔点的易燃固体还有闪燃现象,如萘、二氯化苯、聚甲醛、樟脑等,其闪点大都在100℃以下,所以火灾危险性大。可燃固体的燃点、熔点和闪点见表3-23。

表3-23　部分可燃固体的燃点、熔点和闪点

物质名称	熔点(℃)	燃点(℃)	闪点(℃)	物质名称	熔点(℃)	燃点(℃)	闪点(℃)
萘	80.2	86	80	聚乙烯	120	400	
二氯化苯	53		67	聚丙烯	160	270	
聚甲醛	62		45	聚苯纤维	100	400	
甲基萘	35.1		101	硝酸纤维		180	
苊	96		108	醋酸纤维	260	320	
樟脑	174~179	70	65.5	粘胶纤维		235	
松香	55	216		锦纶-6	220	395	
硫磺	113	255		锦纶-66		415	
红磷		160		涤纶	250~265	390~415	
三硫化磷	172.5	92		二亚硝基间苯二酚	255~264	260	
五硫化磷	276	300		有机玻璃	80	158	
重氮氨基苯	98	150		石蜡	38~62	195	

3. 自燃点

可燃固体的自燃点一般都低于可燃液体和气体的自燃点,大体上介于180～400℃。这是由于固体物质组成中,分子间隔小,单位体积的密度大,因而受热时蓄热条件好。可燃固体的自燃点越低,其受热自燃的危险性就越大。

有些可燃固体达到自燃点时,会分解出可燃气体与空气发生氧化而燃烧,这类物质的自燃温度一般较低,例如纸张和棉花的自燃温度为130～150℃。熔点高的可燃固体的自燃点比熔点低的可燃固体的自燃点低一些,粉状固体的自燃点比块状固体的自燃点低一些。可燃固体的自燃点见表3－24。

表3－24　部分可燃固体的自燃点

名称	自燃温度(℃)	名称	自燃温度(℃)
黄(白)磷	60	木材	250
三硫化四磷	100	硫	260
纸张	130	沥青	280
赛璐珞	140	木炭	350
棉花	150	煤	400
布匹	200	蒽	470
赤磷	200	萘	515
松香	240	焦炭	700

此外,可燃固体与空气接触的表面积越大,其化学活性亦越大,越容易燃烧,并且燃烧速度也越快。所以,同样的可燃固体,如单位体积的表面积越大,其危险性就越大。例如,铝粉比铝制品容易燃烧,硫粉比硫块燃烧快等。由多种元素组成的复杂固体物质(如棉花、硝酸纤维等),其受热分解的温度越低,火灾危险性则越大。

粉状的可燃固体,飞扬悬浮在空气中并达到爆炸极限时,有发生爆炸的危险。

四、粉尘爆炸

粉尘爆炸的危险性存在于不少工业生产部门,目前已发现下述七类粉尘具有爆炸性:①金属,如镁粉、铝粉;②煤炭,如活性炭和煤;③粮食,如面粉、淀粉;④合成材料,如塑料、染料;⑤饲料,如血粉、鱼粉;⑥农副产品,如棉花、烟草;⑦林产品,如纸粉、木粉等。

1. 粉尘爆炸的机理和特点

(1)爆炸的机理。飞扬悬浮于空气中的粉尘与空气组成的混合物,也和气体或蒸气混合物一样,具有爆炸下限和爆炸上限。粉尘混合物的爆炸反应也是一种连锁反应,即在火源作用下,产生原始小火球,随着热和活性中心的发展和传播,火球不断扩大而形成爆炸。

(2)爆炸的特点。与气体混合物的爆炸相比较,粉尘混合物的爆炸有下列特点。

①粉尘混合物爆炸时,其燃烧并不完全(这和气体或蒸气混合物有所不同),例如煤粉爆炸时,燃烧的基本是所分解出来的气体产物,灰渣是来不及燃烧的。

②有产生二次爆炸的可能性,因为粉尘初次爆炸的气浪会将沉积的粉尘扬起,在新的空间形成达到爆炸极限的混合物质而产生二次爆炸,这种连续爆炸会造成严重的破坏。

③爆炸的感应期较长,粉尘的燃烧过程比气体的燃烧过程复杂,有的要经过尘粒表面的分解或蒸发阶段,有的是要有一个由表面向中心延烧的过程,因而感应期较长,可达数十秒,为气体的数十倍。

④粉尘点火的起始能量大,达 10J 数量级,为气体的近百倍。

⑤粉尘爆炸会产生两种有毒气体,一种是一氧化碳,另一种是爆炸物(如塑料)自身分解的毒性气体。

2. 爆炸极限

粉尘混合物的爆炸危险性是以其爆炸浓度下限(g/m^3)来表示的。这是因为粉尘混合物达到爆炸下限时,所含固体物已相当多,以云雾(尘云)的形状而存在,这样高的浓度通常只有设备内部或直接接近它的发源地的地方才能达到。至于爆炸上限,因为浓度太高,以致大多数场合都不会达到,所以没有实际意义,例如糖粉的爆炸上限为 $13.5kg/m^3$。

粉尘混合物的爆炸下限不是固定不变的,它的变化与下列因素有关:分散度、湿度、火源的性质、可燃气含量、氧含量、惰性粉尘和灰分、温度等。一般来说,分散度越高,可燃气体和氧的含量越大,火源强度、原始温度越高,湿度越低,惰性粉尘及灰分越少,爆炸范围也就越大。

粒度越细的粉尘,其单位体积的表面积越大,越容易飞扬,所需点火能量越小,所以容易发生爆炸,如图 3－8 所示。随着空气中氧含量的增加,爆炸浓度范围则扩大,有关资料表明,在纯氧中的爆炸浓度下限能下降到只有在空气中的 1/3～1/4,如图 3－9 所示。当尘云与可燃气体共存时,爆炸浓度相应下降,而且点火能量也有一定程度的降低,因此可燃气体的存在会大大增加粉尘的爆炸危险性,如图 3－10 所示。爆炸性混合物中的惰性粉尘和灰分有吸热作用,例如煤粉中含 11% 的灰分时还能爆炸,而当灰分达15% ~30%时,就很难爆炸了。空气中的水分除了吸热作用之外,水蒸气占据空间,稀释了氧含量而降低粉尘的燃烧速度,而且水分增加了粉尘的凝聚沉降,使爆炸浓度不易出现;当温度和压力增加,含水量减少时,爆炸浓度极限范围扩大,所需点火能量减小,如图3-11所示。

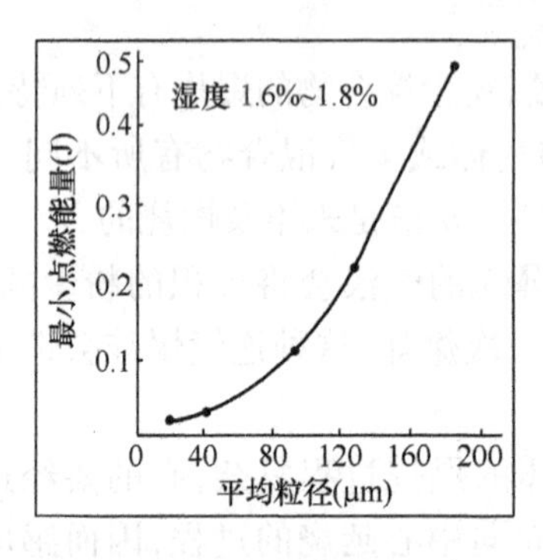

图3-8　粒度与点燃能量的关系

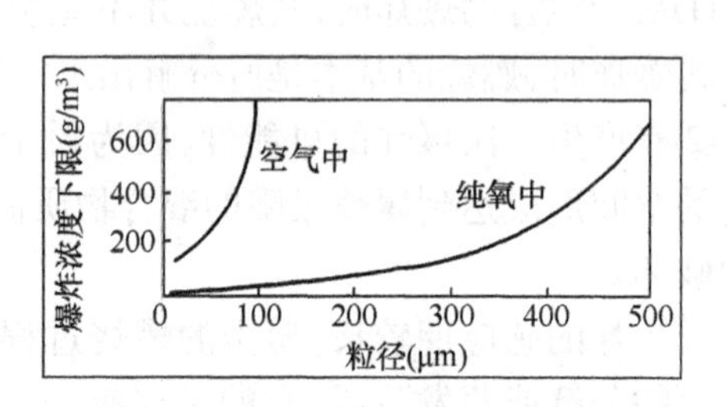

图3-9　爆炸下限与氧含量及粒径的关系

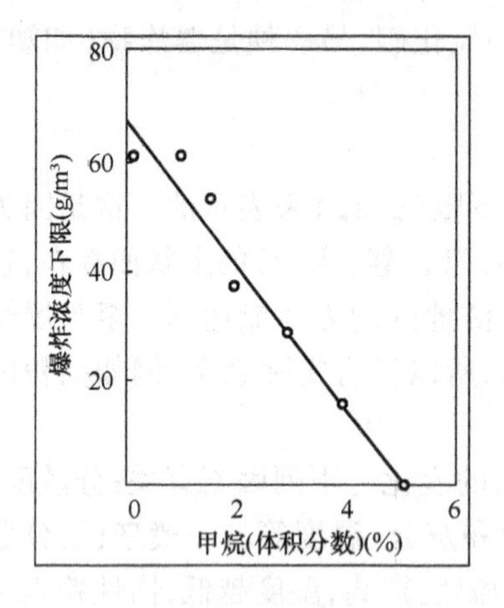

图3-10　甲烷含量对粉尘爆炸下限的影响

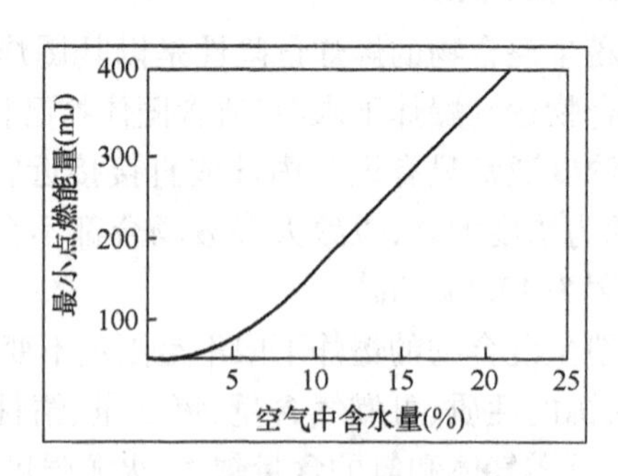

图3-11　空气中含水量对粉尘爆炸的最小点燃能量的影响

粉尘的爆炸压力是由于两种原因产生的:一是生成气态产物,其分子数在多数场合下超过原始混合物中气体的分子数;二是气态产物被加热到高温。

各种粉尘的爆炸特性,包括它们的自燃点、爆炸下限及爆炸最大压力,见表3-25。

表 3－25　部分粉尘的自燃点、爆炸下限及爆炸最大压力

粉尘类别	云状粉尘的自燃点(℃)	爆炸下限(g/m^3)	最大爆炸压力(MPa)
金属:铝	645	35	0. 603
铁	315	120	0. 197
镁	520	20	0. 441
锌	680	500	0. 088
塑料:醋酸纤维	320	25	0. 557
α－甲基丙烯酸酯	440	20	0. 388
六次甲基四胺	410	15	0.428
石炭酸树脂	460	25	0.415
邻苯二甲酸酐	650	15	0. 333
聚乙烯塑料	—	25	0. 564
聚苯乙烯	490	20	0. 299
合成硬皮	320	30	0. 401
其他:棉纤维	530	100	0. 449
玉蜀黍淀粉	470	45	0. 49
烟煤	670	35	0. 312
煤焦油沥青	—	80	0. 333
硫	190	35	0.279
木粉	430	40	0. 421

粉尘防爆的原则是缩小粉尘扩散范围，清除积尘，控制火源，适当增湿，还可采用抑爆装置等。抑爆装置由爆压波探测器、信号放大器和抑爆剂发射器组成，如图 3－12(a)所示，其抑制效果如图 3－12(b)所示。

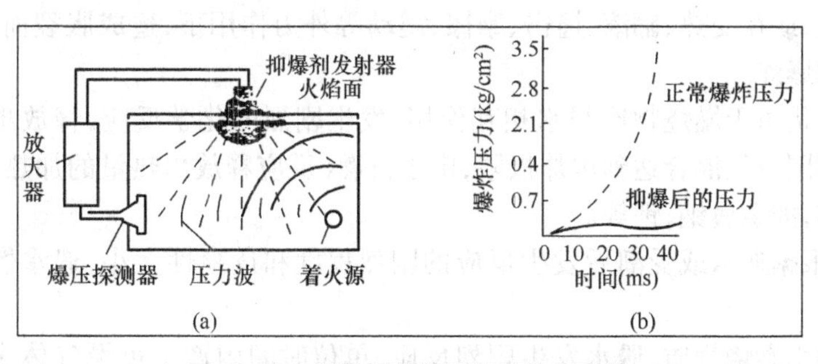

图 3－12　爆炸抑制装置及其抑制效果

第四节 其他危险物品

一、遇水燃烧物质

凡与水或潮气接触能分解产生可燃气体,同时放出热量而引起可燃气体的燃烧或爆炸的物质,称为遇水燃烧物质。

遇水燃烧物质还能与酸或氧化剂发生反应,而且比遇水发生的反应更为剧烈,其着火爆炸的危险性更大。

1. 分类

遇水燃烧物质都具有遇水分解,产生可燃气体和热量,能引起火灾或爆炸的危险性。这类物质引起着火有以下两种情况:

一种是遇水发生剧烈的化学反应,释放出的高热能把反应产生的可燃气体加热至自燃点,不经外来火源也会着火燃烧,如金属钠、碳化钙等。碳化钙与水化合的反应式如下:

$$CaC_2 + 2H_2O \xlongequal{\quad} C_2H_2 + Ca(OH)_2 + Q$$

反应的热量在积热不散的条件下,能引起乙炔自燃爆炸:

$$2C_2H_2 + 5O_2 \xlongequal{\quad} 4CO_2 + 2H_2O + Q$$

另一种是遇水能发生化学反应,但释放出的热量较少,不足以把反应产生的可燃气体加热至自燃点。不过,当可燃气体一旦接触火源也会立即着火燃烧,如氢化钙、保险粉(连二亚硫酸钠)等。

遇水燃烧物质引起爆炸有下列两种情况:

一种是遇水燃烧物质在容器内与水(或吸收空气中的水蒸气)作用,放出可燃气体和热量,与容器内空气形成爆炸性混合气而发生爆炸;或由于气体体积膨胀,使压力逐渐增大;或在受热、翻滚、撞击、摩擦、震动等外力作用下,造成胀裂而引起爆炸,如电石桶的爆炸。

另一种是由于燃烧物质与水相互作用,发生剧烈的化学反应,释放出的可燃气体迅速与周围空气混合达到爆炸极限,由于自燃(反应释放出热量的加热)或遇明火而引起爆炸,如金属钠、钾等。

此外,根据遇水或受潮后发生反应的剧烈程度和危险性大小,遇水燃烧物质可分为两级:

一级遇水燃烧物质,遇水发生剧烈反应,单位时间内产生可燃气体多而且放出大量热量,容易引起燃烧爆炸。属于一级遇水燃烧物质的主要有活泼金属(如锂、钠、钾、铷、锶、铯、钡等金属)及其氢化物,硫的金属化合物、磷化物和硼烷等。

二级遇水燃烧物质,遇水发生的反应比较缓慢,放出的热量比较小,产生的可燃气体一般需在火源作用下才能引起燃烧。属于二级遇水燃烧物质的有金属钙、锌粉、亚硫酸钠、氢化铝、硼氢化钾等。

在生产、贮存中,将所有遇水燃烧物质划为甲类火灾危险。

2. *遇水燃烧物质的火灾爆炸危险性*

各类遇水燃烧物质与水接触后,除了反应的剧烈程度和释放出的热量不同之外,所产生的可燃气体的性质也有所不同,主要有以下几类。

第一,生成氢的燃烧或爆炸。有些遇水燃烧物质在与水作用的同时,放出氢气和热量,由于自燃或外来火源作用引起氢气的着火或爆炸。具有这种性质的遇水燃烧物质有活泼金属及其合金、金属氢化物、硼氢化物、金属粉末等。例如,金属钠与水的反应:

$$Na + 2H_2O = 2NaOH + H_2\uparrow + 371.8kJ$$

这类遇水燃烧物质除了存在氢气的着火或爆炸危险之外,那些尚未来得及反应的金属会随之燃烧或爆炸。又如,锌粉与水的反应:

$$Zn + H_2O = ZnO + H_2\uparrow$$

此反应放出的热量较少,不至于直接引起氢气的燃烧爆炸。

第二,生成碳氢化合物的着火爆炸。有些遇水燃烧物质与水作用时,生成碳氢化合物,在反应热引起受热自燃,或外来火源作用下造成碳氢化合物的着火爆炸。具有这种性质的遇水燃烧物质主要有金属碳化合物、有机金属化合物等。例如,甲基钠与水的反应:

$$CH_3Na + H_2O = NaOH + CH_4\uparrow + Q$$

第三,生成其他可燃气体的燃烧爆炸。还有一些遇水燃烧物质如金属磷化物、金属氰化物、金属硫化物和金属硅的化合物等,与水作用时生成磷化氢、氰化氢、硫化氢和四氢化硅等。例如,磷化钙与水的反应:

$$Ca_3P_2 + 6H_2O = 3Ca(OH)_2 + 2PH_3\uparrow + Q$$

由于磷化氢的自燃点低(45~60℃),能在空气中自燃。

从以上讨论可以看出,遇水燃烧物质的类别多,遇水生成的可燃气体不同,因此其危险性也有所不同。总的来说,遇水燃烧物质的危险性主要有以下几方面。

(1)遇水或遇酸燃烧性。这是遇水燃烧物质共同的危险性。因此,在贮存、运输和使用时,应注意防水、防潮、防雨雪。遇水燃烧物质着火时,不准用水或酸碱泡沫灭火剂及泡沫灭火剂扑救。因为酸碱泡沫灭火剂是利用碳酸氢钠溶液和硫酸溶液的作用,产生二氧化碳气体进行灭火的。其反应式为:

$$2NaHCO_3 + H_2SO_4 = Na_2SO_4 + 2H_2O + 2CO_2\uparrow$$

在泡沫灭火剂中是利用碳酸氢钠溶液和硫酸铝溶液的作用，产生二氧化碳进行灭火的，其反应式为：

$$6NaHCO_3 + Al_2(SO_4)_3 = 3Na_2SO_4 + 2Al(OH)_3 + 6CO_2\uparrow$$

从以上反应式可以看出，这些灭火剂是以溶液为药剂的。溶液中含有大量的水，所以用这两种灭火剂来扑救遇水燃烧物质的火灾是不适宜的。

此外，不少遇水燃烧物质能够与酸起作用生成可燃气体，而且反应剧烈。例如，把少量锌粉撒到水里去，并不会发生剧烈反应，但是如果把少量锌粉撒到酸中，即使是较稀的酸，也会立即有大量氢气泡显出，反应非常剧烈。又如，金属钠、氢化钡等与硫酸反应生成氢气，碳化钙和硫酸反应生成乙炔等，它们的反应式如下：

$$2Na + H_2SO_4 = Na_2SO_4 + H_2\uparrow$$

$$BaH_2 + H_2SO_4 = BaSO_4 + 2H_2\uparrow$$

$$CaC_2 + H_2SO_4 = Ca_2SO_4 + C_2H_2\uparrow$$

由酸碱灭火器和泡沫灭火器喷射出来的喷液中，多少都含有尚未作用的残酸，因此，用这类灭火剂来扑救遇水燃烧物质的火灾，犹如火上加油，会引起更大危险。

遇水燃烧物质的火灾应用干砂、干粉灭火剂、二氧化碳灭火剂等进行扑救。

(2)自燃性。有些遇水燃烧物质(如碱金属、硼氢化合物)放置于空气中即具有自燃性。有的遇水燃烧物质(如氢化钾)遇水能生成可燃气体，放出热量而具有自燃性。因此，这类遇水燃烧物质的贮存必须与水及潮气等可靠隔离。由于锂、钠、钾、铷、铯和钠钾合金等金属不与煤油、汽油、石蜡等作用，所以可把这些金属浸没于矿物油或液状石蜡等不吸水分物质中严密贮存。采取这种措施就能使这些遇水燃烧物质与空气和水蒸气隔离，免除变质和发生危险。

(3)爆炸性。有些遇水燃烧物质(如电石等)，由于与水作用生成可燃气体，与空气形成爆炸性混合物，或盛装遇水燃烧物质的容器由于气体膨胀或装卸、搬运的震动撞击，及受其他外界因素的影响，有发生爆炸的危险性，因此装卸作业时不得翻滚、撞击、摩擦、倾倒等，必须轻装轻卸。如发现容器有鼓包等可疑现象，应及时妥当处理，将鼓包的电石桶移至室外，把桶内气体放出，修复后方可库存。

(4)其他。有的遇水燃烧物质遇水作用的生成物(如磷化物)除易燃性外，还有毒性；有的虽然与水接触反应不很激烈，放出热量不足以使产生的可燃气着火，但遇外来火源还是有着火爆炸的危险性。因此，搬运场所应当通风散热良好并严禁火源接近。

二、自燃性物质

凡是无须明火作用，由于本身氧化反应或受外界温度、湿度影响，受热升温达到自燃点而自行燃烧的物质，称为自燃性物质。

1. 自燃性物质的分类

自燃性物质都是比较容易氧化的，在着火之前所进行的是缓慢的氧化作用，而着火时进行的是剧烈的氧化反应。根据自燃的难易程度及危险性大小，自燃性物质可分为两类。

(1)一级自燃物质。此类物质与空气接触极易氧化，反应速度快；同时，它们的自燃点低，易于自燃，火灾危险性大。例如，黄磷、铝铁溶剂等。

(2)二级自燃物质。此类物质与空气接触时氧化速度缓慢，自燃点较低，如果通风不良，积热不散也能引起自燃。例如，油污、油布等带有油脂的物品。

2. 自燃性物质的燃烧性质

自燃性物质由于化学组成不同，以及影响自燃的条件（如温度、湿度、助燃物、含油量、杂质、通风条件等）不同，因此有各自不同的特征。

(1)化学性质活泼，极易氧化而引起自燃的自燃性物质。例如黄磷，它是一种淡黄色蜡状的半透明固体，非常容易氧化，自燃点很低，只有34℃左右。即使在通常温度下，置于空气中也能很快引起自燃，燃烧后生成五氧化二磷烟雾：

$$4P + 5O_2 = 2P_2O_5 + 3\,098.2kJ$$

五氧化二磷是有毒物质，遇水还能生成剧毒的偏磷酸。

由于黄磷不与水发生作用，所以通常都把黄磷浸没在水里贮存和运输。如果在运输时发现包装容器破损渗漏，或水位减少不能浸没全部黄磷时，应立即加水并换装处理，否则会很快引起火灾。如遇有黄磷着火情况，可用长柄铁夹等工具把燃着的黄磷投入盛有水的桶中即可消除事故，但不可用高压水枪冲击着火的黄磷，以防被水冲散的黄磷扩大火势。

(2)化学性质不稳定，容易发生分解而导致自燃的自燃性物质。例如，硝化纤维及其制品，由于本身含有硝酸根（NO_3^-），化学性质很不稳定，在常温下就能于空气中缓慢分解，阳光作用及受潮会加快氧化速度，析出一氧化氮（NO）。一氧化氮不稳定，会在空气中与氧化合生成二氧化氮，而二氧化氮会与潮湿空气的水化合生成硝酸或亚硝酸：

$$3NO_2 + H_2O = 2HNO_3 + NO$$

硝酸或亚硝酸会进一步加速硝化纤维及其制品的分解，放出的热量也就越来越多，当温度达到自燃点（120～160℃）时，即发生自燃。燃烧速度极快，并能产生有毒和刺激性气体。

硝化纤维及其制品着火时，可用泡沫和水进行扑救，但表面的火扑灭后，物质内部因有大量氧还会继续分解，仍有复燃的可能性，所以应及时将灭火后的物质深埋。

（3）分子具有高的键能，容易在空气中与氧产生氧化作用的自燃性物质。某些自燃性物质的分子中，含有较多的不饱和双键（—C ═C—），因而在空气中容易与氧气发生氧化反应，并放出热量，如果通风不良，热量聚集不散，就会逐渐达到自燃点而引起自燃。例如，桐油的主要成分是桐油酸甘油酯，其分子含有 3 个双键，化学性质很不稳定，经制成油纸、油布、油绸等自燃性物质之后，桐油与空气中氧接触的表面积大大增加，在空气中缓慢氧化析出的热量增多，加上堆放、卷紧的油纸、油布、油绸等散热不良，造成积热不散，温度升高到自燃点而引起自燃，尤其是空气潮湿的情况下，更易促使自燃的发生。因此，自燃性物质中的二级自燃物质常用分格的透风笼箱作包装箱，目的是把自燃物品中经氧化而释放出的热量不断地散逸掉，不至于造成热量的聚积不散，避免发生自燃而引起火灾。

三、氧化剂

凡能氧化其他物质，亦即在氧化—还原反应中得到电子的物质称为氧化剂。

在无机化学反应中，可以由电子的得失或化合价的变化来判断氧化还原反应。但在有机化学反应中，由于大多数有机化合物都是以共价键组成的，它们分子内的原子间没有明显的电子得失，很少有化合价的变化，所以在有机化学反应中常把与氧的化合或失去氢的反应称为氧化反应，而将与氢的化合或失去氧的反应称为还原反应，把在反应中失去氧或获得氢的物质称为氧化剂。例如，过氧乙酸（氧化剂）和甲醛（还原剂）的化学反应。

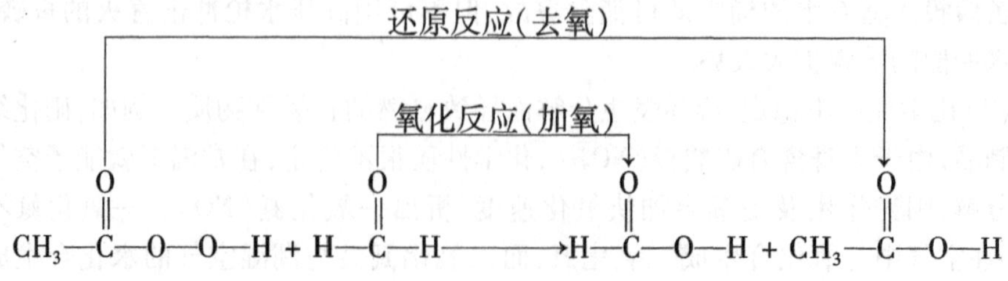

1. 氧化剂的分类

各种氧化剂的氧化性能强弱有所不同，有的氧化剂很容易得到电子，有的则不容易得到电子。氧化剂按化学组成分为无机氧化剂和有机氧化剂两大类。

(1)无机氧化剂。按氧化能力的强弱分为两级。

一级无机氧化剂主要是碱金属或碱土金属的过氧化物和盐类,如过氧化钠、高氯酸钠、硝酸钾、高锰酸钾等。这些氧化剂的分子中含有过氧基(—O—O—)或高价态元素(N^{+5}、Cl^{+7}、Mn^{+7}等),极不稳定,容易分解,氧化性能很强,是强氧化剂,能引起燃烧或爆炸。例如,过氧化钠遇水或酸的时候,便立即发生反应,生成过氧化氢;过氧化氢更容易分解为水和原子氧。其反应如下:

$$Na_2O_2 = NaO + [O] \qquad Na_2O_2 + 2H_2O = 2NaOH + H_2O_2$$

$$Na_2O_2 + H_2SO_4 = Na_2SO_4 + H_2O_2 \qquad H_2O_2 = H_2O + [O]$$

原子氧有很强的氧化性,遇易燃物质或还原剂很容易引起燃烧或爆炸,如果不与其他物质作用,原子氧便自行结合,生成氧气:

$$[O] + [O] = O_2$$

氧气的助燃作用会引起火灾或爆炸。

二级无机氧化剂虽然也容易分解,但比一级氧化剂稳定,是较强氧化剂,能引起燃烧。除一级无机氧化剂外的所有无机氧化剂均属此类,如亚硝酸钠、亚氯酸钠、连二硫酸钠、重铬酸钠、氧化银等。

(2)有机氧化剂。按照氧化能力的强弱分为两级。

一级有机氧化剂主要是有机物的过氧化物或硝酸化合物,这类氧化剂都含有过氧基(—O—O—)或高价态氮原子,极不稳定,氧化性能很强,是强氧化剂,如过氧化苯甲酰、硝酸胍等。

二级有机氧化剂是有机物的过氧化物,如过氧醋酸、过氧化环已酮等。这类氧化剂虽然也容易分解出氧,但化学性质比一级氧化剂稳定。

无机氧化剂和有机氧化剂中都有不少过氧化物类的氧化剂。有机氧化剂由于含有过氧基,受到光和热的作用,容易分解析出氧,常因此发生燃烧和爆炸。例如,过氧化苯甲酰$(C_6H_5CO)_2O_2$受热、摩擦、撞击就发生爆炸,与硫酸能发生剧烈反应,引起燃烧并放出有毒气体。又如,硝酸钾受热时分解为亚硝酸钾和原子氧,遇易燃品或还原剂时容易发生燃烧或爆炸,并且还可以促使硝酸盐的进一步分解,从而扩大其危险性。原子氧在不进行其他反应时便立即自行结合为氧,硝酸钾的分解反应方程式如下:

$$2KNO_3 = 2KNO_2 + O_2\uparrow$$

氧化剂氧化性强弱的规律,对于元素来说,一般是非金属性越强,其氧化性就越强,因为非金属元素具有获得电子的能力,如I_2、Br_2、Cl_2、F_2等物质的氧化性分别依次增强。离子所带的正电荷越多，越容易获得电子，氧化性也就越强，如4价锡离子（Sn^{4+}）比2价锡离子（Sn^{2+}）具有更强的氧化性。化合物中若含有高价态的元素，而且这个元素化合价越高，其氧化性就越强，如氨（NH_3）中的氮是－3价，亚硝酸钠（$NaNO_2$）中的氮是＋3价，硝酸钠（$NaNO_3$）中的氮是＋5价，则它们的氧化性分别依次增强。

2. 危险性和防护

（1）危险性。

①氧化性或助燃性。氧化剂具有强烈的氧化性能，在接触易燃物、有机物或还原剂时，能发生氧化反应，剧烈时会引起燃烧。

②燃烧爆炸性。许多氧化剂，特别是无机氧化剂，当它们受热、撞击、摩擦等作用时，容易迅速分解，产生大量气体和热量，因此有引起爆炸的危险。大多数有机氧化剂是可以燃烧的，在遇明火或其他爆炸力作用下，容易引起火灾。

③毒害性和腐蚀性。许多氧化剂不仅本身有毒，而且在发生变化后能产生毒害性气体，例如铬酸既有毒性也有腐蚀性。活泼金属的过氧化物、各种含氧酸等，有很强的腐蚀性，能够灼伤皮肤和腐蚀其他物品。

（2）防护。氧化剂的防护措施主要有以下几方面。

①氧化剂在贮存和运输时，应防止受热、摩擦、撞击，在贮运中应注意通风降温，不摔碰、不拖拉、不翻滚、不剧烈摩擦及远离热源、电源，等等。

②有些氧化剂遇水（如过氧化物遇水）、遇酸（如含氧酸盐遇酸）能降低它们的稳定性并增强其氧化性，对此类氧化剂在贮运时应注意通风、防潮湿，并且与酸、碱、还原剂、可燃粉状物等隔离，防止发生火灾和爆炸。

四、爆炸性物质

凡是受到高热、摩擦、撞击或受到一定物质激发，能瞬间发生单分解或复分解的化学反应，并以机械功的形式在极短时间内放出能量的物质，统称为爆炸性物质。

1. 分类

爆炸性物质按组成分为爆炸化合物和爆炸混合物两大类。

（1）爆炸化合物。这类爆炸性物质具有一定的化学组成，它们的分子中含有一种爆炸基团（如叠氮化合物的爆炸基团—N ═N ═N—，乙炔化合物的爆炸基团—C≡C—等），这种基团很不稳定，容易被活化，当受到外界能量的作用时，它们的键很容易破裂，从而激发起爆炸反应。根据这类物质的化学结构或爆炸基团，可分为10种，见表3－26。

表 3-26　爆炸化合物按化学结构的分类

序号	爆炸化合物名称	爆炸性原子团	举　例
1	硝基化合物	$-NO_2$（—N(=O)=O）	四硝基甲烷、三硝基甲苯
2	硝酸酯	$-O-NO_2$（—O—N(=O)=O）	硝化甘油、硝化棉
3	硝　胺	$>N-NO_2$（>N—N(=O)=O）	黑索金、特屈儿
4	叠氮化合物	—N═N═N—	叠氮化铅、叠氮化钠
5	重氮化合物	—N═N—	二硝基重氮酚
6	雷酸盐	—N═C	雷汞、雷酸银
7	乙炔化合物	—C≡C—	乙炔银、乙炔汞
8	过氧化物和臭氧化物	—O—O—和—O—O—O—	过氧化二苯、臭氧
9	氮的卤化物	$-NX_2$	氯化氮、溴化氮
10	氯酸盐和高氯酸盐	—O—Cl(=O)=O 和 —O—Cl(=O)(=O)=O	氯酸铵、高氯酸铵

(2)爆炸混合物。它是由两种或两种以上的爆炸组分和非爆炸组分经机械混合而成的,如硝铵炸药、黑色火药等。

爆炸性物质按用途分为起爆药、爆破药、发射药和烟火剂四种。起爆药主要作为引爆剂,用来激发次级炸药的爆轰,其特点是感度较高,在很小的能量作用下就容易爆轰,而且从燃烧到爆炸的时间非常短。常用的起爆药有雷汞、叠氮化铅和二硝基重氮酚。爆破药是用来破坏障碍物的炸药,对外力作用的感度较低,一般都需要起爆药来引爆。常用的爆破药有梯恩梯、黑索金、硝铵炸药等。发射药主要用作爆竹、枪弹或火箭的推进剂,它们的主要变化形式是迅速燃烧,如黑火药和硝化棉火药等。烟火剂是一些成分不定的混合物,其主要成分有氧化剂、可燃剂和显现颜色的添加剂。它们的主要变化形式是燃烧,在特殊情况下也能爆轰。常用的烟火剂有照明剂、信号剂、燃烧剂、发烟剂等,用来装填照明弹、燃烧弹、信号弹、烟幕弹等。

2. 炸药的爆炸性能

炸药的爆炸性能主要有感度、威力、猛度、殉爆、安定性等。

(1)感度。炸药的感度又称敏感度,是指炸药在外界能量(如热能、电能、光能、机械能及起爆能等)的作用下发生爆炸变化的难易程度,是衡量爆炸稳定性大小的一个重要标志。通常以引起爆炸变化的最小外界能量来表示,这个最小的外界能量习惯上称之为引爆冲能。很显然,所需的引爆冲能越小,其敏感度越高;反之则越低。

影响炸药的敏感度的因素很多,主要有以下几种:

①化学结构。一般的规律是:炸药分子中爆炸基团越活泼,数目越多,其感度越大。如—O—NO_2、═N—NO_2、—NO_2 的稳定性顺序为:—NO_2 > ═N—NO_2 > —O—NO_2,所以炸药感度就表现为:硝酸酯 > 硝胺 > 硝基化合物。

②物态。这是指炸药所处的"相"状态。同一炸药在熔融状态的感度普遍要比固态高得多,这是因为炸药从固相转变为液相时要吸收熔化潜热,它的内能较高,另外在液态时具有较高的蒸气压,所以很小的外界能量即可激发炸药爆炸,因此在操作过程中应特别注意安全。

③温度。它能全面地影响炸药的感度,随着温度的升高,炸药的各种感度指标都升高。这是因为在高温下炸药的活化能降低了,极小的外界冲量即可使原子键破裂,引起爆炸变化。

④密度。随着炸药密度的增大,其敏感度通常是降低的。这是由于密度增加后,孔隙率减少,结构结实,不易于吸收能量,这对热点的形成和火焰的传播是不利的。

⑤细度。粉碎得很细的炸药,其敏感度提高,易于起爆。这是因为炸药颗粒越小,比表面越大,接受的冲击波能量越多,容易产生更多的热点,所以易于起爆。

⑥杂质。它对炸药的感度有很大的影响,不同的杂质有不同的影响。一般来说,固体杂质,特别是硬度大、有尖棱和高熔点的杂质,如砂子、玻璃屑和某些金属粉末等,能增加炸药的感度。因为这种杂质能使外界冲击能量集中在尖棱上,形成强烈的摩擦中心而产生热点。因此,在生产、储存和运输炸药时,一定要防止硬性杂质混入,还要防止撞击。相反,松软的或液态的杂质混入炸药,则降低其敏感度。因而在储运过程中,又要注意防止炸药受潮或雨淋,否则将使炸药失效、报废。

(2)威力。它是指炸药爆炸时做功的能力,亦即对周围介质的破坏能力。爆炸时产生的热量越大,气态产物生成量越多,爆温越高,其威力也就越大。

测定炸药的威力,通常采用铅铸扩大法。即以一定量(10g)的炸药,装于铅铸的圆柱形孔内爆炸,测量爆炸后圆柱形孔体积的变化,以及体积增量(单位:mL)作为炸药的威力数值。

(3)猛度。它是炸药在爆炸后爆轰产物对周围物体破坏的猛烈程度,用来衡量炸药的局部破坏能力。猛度越大,则表示该炸药对周围介质的粉碎破坏程度越大。猛度的测量是用50g炸药放置在铅柱上,以铅柱在爆炸后被压缩而减少的高度数值(单位:mm)表示。

(4)殉爆。这是指当一个炸药药包爆炸时,可以使位于一定距离处,与其没有什么联系的另一个炸药药包也发生爆炸的现象。起始爆炸的药包称为主发药包,受其爆炸影响而爆炸的药包称为被发药包。因主发药包爆炸而能引起被发药包爆炸的最大距离,称为殉爆距离。引起殉爆的主要原因是主发药包爆炸而引起的冲击波的传播作用。离药包的爆炸点越近,冲击波的强度越高;反之,则冲击波的强度越弱。

(5)安定性。这是指炸药在一定储存期间内不改变其物质性质、化学性质和爆炸性质的能力。

课后习题

1. 危险化学品分为几个种类?

2. 影响气体爆炸极限的因素有哪些?评价气体燃爆危险性的主要技术参数有哪些?

3. 可燃液体如何分类?评价液体燃爆危险性的主要技术参数有哪些?

4. 评价固体火灾危险性的主要技术参数有哪些?

5. 爆炸性物质的化学结构具有哪些特点?

第四章　防火与防爆技术措施

第一节　火灾与爆炸过程和预防基本原则

采取预防措施是战胜火灾和爆炸的根本办法。为此，应当分析有关火灾和爆炸发展过程的特点，从而有针对性地采取相应的预防措施。

一、火灾发展过程与预防基本原则

1. 火灾发展过程的特点

当燃烧失去控制而发生火灾时，将经历下列发展阶段。

(1)酝酿期。可燃物在热的作用下蒸发析出气体、冒烟和阴燃。

(2)发展期。火苗蹿起，火势迅速扩大。

(3)全盛期。火焰包围整个可燃物体，可燃物全面着火，燃烧面积达到最大限度，燃烧速度最快，放出强大辐射热，温度高，气体对流加剧。

(4)衰灭期。可燃物质减少，火势逐渐衰弱，终至熄灭。

2. 影响火灾变化的因素

(1)可燃物的数量。可燃物数量越多，火灾载荷密度越高，则火势发展越猛烈；如果可燃物较少，火势发展较弱；如果可燃物之间不相互连接，则一处可燃物燃尽后，火灾会趋向熄灭。

(2)空气流量。室内火灾初起阶段，燃烧所需的空气量足够时，只要可燃的物量多，燃烧就会不断发展。但是，随着火势的逐步扩大，室内空气量逐渐减少，这时只有不断从室外补充新鲜空气，即增大空气的流量，燃烧才能继续，并不断扩大。如果空气供应量不足，火势会趋向减弱阶段。

(3)蒸发潜热。可燃液体和固体是在受热后蒸发出气体的燃烧。液体和固体需要吸收一定的热量才能蒸发，这热量称蒸发潜热。

一般是固体的蒸发潜热大于液体，液体大于液化气体。蒸发潜热越大的物质越需要较多的热量才能蒸发，火灾发展速度亦较慢。反之，蒸发潜热较小的物质，容易蒸发，火灾发展较快。因此，可燃液体或固体单位时间内蒸发产生的可燃气体与外界供给的热量成正比，与它们的蒸发潜热成反比。

3. 预防火灾的基本原则

防火的要点是根据对火灾发展过程特点的分析，采取以下基本措施。

(1)严格控制火源。

(2)监视酝酿期特征。

(3)采用耐火材料。

(4)阻止火焰的蔓延。

(5)限制火灾可能发展的规模。

(6)组织训练消防队伍。

(7)配备相应的消防器材。

二、爆炸发展过程与预防基本原则

1. 爆炸发展过程的特点

可燃性混合物的爆炸虽然发生于顷刻之间，但它还是有下列的发展过程。

(1)可燃物(可燃气体、蒸气或粉尘)与空气或氧气的相互扩散，均匀混合而形成爆炸性混合物。

(2)爆炸性混合物遇着火源，爆炸开始。

(3)由于连锁反应过程的发展，爆炸范围的扩大和爆炸威力的升级。

(4)最后是完成化学反应，爆炸威力造成灾害性破坏。

2. 预防爆炸的基本原则

防爆的基本原则是根据对爆炸过程特点的分析，采取相应措施，防止第一过程的出现，控制第二过程的发展，削弱第三过程的危害。其基本原则有以下几点。

(1)防止爆炸性混合物的形成。

(2)严格控制着火源。

(3)燃爆开始就及时泄出压力。

(4)切断爆炸传播途径。

(5)减弱爆炸压力和冲击波对人员、设备和建筑的损坏。

(6)检测报警。

第二节　工业防火与防爆基础知识

一、生产和贮存中的火灾危险性分类

为防止火灾和爆炸事故的发生，首先应了解该生产过程和物质贮存的火灾危险属于哪一类型，存在哪些可能发生着火或爆炸的因素，发生火灾爆炸后火势蔓延扩大的条件等。

生产的火灾危险性是根据生产中使用或生产的物质的性质及其数量等因素来划分的。我国 GB 50016—2014《建筑设计防火规范》将生产的火灾危险性按火灾危险大小分成甲、乙、丙、丁、戊五类。这些生产的火灾危险性特征见表 4 - 1。

表 4 - 1　生产的火灾危险性分类

生产类别	火灾危险性特征
甲	使用或产生下列物质的生产： 1. 闪点 < 28℃的易燃液体 2. 爆炸下限 < 10% 的气体 3. 常温下能自行分解或在空气中氧化即能导致迅速自燃或爆炸的物质 4. 常温下受到水或空气中水蒸气的作用，能产生可燃气体并引起燃烧或爆炸的物质 5. 遇酸、受热、撞击、摩擦、催化以及遇有机物或硫磺等易燃的无机物，极易引起燃烧或爆炸的强氧化剂 6. 受撞击、摩擦或与氧化剂、有机物接触时能引起燃烧或爆炸的物质 7. 在密闭设备内操作温度等于或超过物质本身自燃点的生产
乙	使用或产生下列物质的生产： 1. 闪点≥28℃至 < 60℃的液体 2. 爆炸下限≥10% 的气体 3. 不属于甲类的氧化剂 4. 不属于甲类的化学易燃危险固体 5. 助燃气体 6. 能与空气形成爆炸性混合物的浮游状态的粉尘、纤维、闪点 > 160℃的液体雾滴
丙	使用或产生下列物质的生产： 1. 闪点≥60℃的液体 2. 可燃固体
丁	具有下列情况的生产： 1. 对非燃物质进行加工，并在高热或熔化状态下经常产生辐射热、火花或火焰的生产 2. 利用气体、液体、固体作为燃料或将气体、液体进行燃烧作其他用的各种生产 3. 常温下使用或加工难燃烧物质的生产
戊	常温下使用或加工非燃烧物质的生产

注：①在生产过程中，如使用或生产易燃、可燃物质的量较少，不足以构成爆炸或火灾危险时，可以按实际情况确定其火灾危险性的类别。

②一座厂房内或防火分区内有不同性质的生产时，其分类应按火灾危险性较大的部分确定，但火灾危险性大的部分占本层或本防火分区面积的比例小于 5%（丁、戊类生产厂房的油漆工段小于 10%），且发生事故时不足以蔓延到其他部位，或采取防火措施能防止火灾蔓延时，可按火灾危险性较小的部分确定。丁、戊类生产厂房的油漆工段，当采用封闭喷漆工艺时，封闭喷漆空间内保持负压，且油漆工段设置可燃气体浓度报警系统或自动抑爆系统时，油漆工段占其所在防火分区面积的比例不应超过 20%。

按照仓储物品的火灾危险程度，仓储物品的火灾危险性分为甲、乙、丙、丁、戊五类，见表4－2。

表4－2 储存物品的火灾危险性分类及举例

类别	火灾危险性特征	举例
甲	1. 闪点<28℃的液体	1. 己烷，戊烷，环戊烷，石脑油，二硫化碳，苯、甲苯，甲醇、乙醇，乙醚，醋酸甲酯、硝酸乙酯，汽油，丙酮，丙烯，60°及以上的白酒
	2. 爆炸下限<10%的气体，以及受到水或空气中水蒸气的作用，能产生爆炸下限<10%气体的固体物质	2. 乙炔，氢，甲烷，环氧乙烷，水煤气，液化石油气，乙烯、丙烯、丁二烯，硫化氢，氯乙烯，电石，碳化铝
	3. 常温下能自行分解或在空气中氧化能导致迅速自燃或爆炸的物质	3. 硝化棉，硝化纤维胶片，喷漆棉，火胶棉，赛璐珞棉，黄磷
	4. 常温下受到水或空气中水蒸气的作用，能产生可燃气体并引起燃烧或爆炸的物质	4. 金属钾、钠、锂、钙、锶，氢化锂、氢化钠，四氢化锂铝
	5. 遇酸、受热、撞击、摩擦以及遇有机物或硫磺等易燃的无机物，极易引起燃烧或爆炸的强氧化剂	5. 氯酸钾、氯酸钠，过氧化钾、过氧化钠，硝酸铵
	6. 受撞击、摩擦或与氧化剂、有机物接触时能引起燃烧或爆炸的物质	6. 红磷，五硫化磷，三硫化磷
乙	1. 闪点≥28℃，但<60℃的液体	1. 煤油，松节油，丁烯醇、异戊醇，丁醚，醋酸丁酯、硝酸戊酯，乙酰丙酮，环己胺，溶剂油，冰醋酸，樟脑油，蚁酸
	2. 爆炸下限≥10%的气体	2. 氨气、液氯
	3. 不属于甲类的氧化剂	3. 硝酸铜，铬酸，亚硝酸钾，重铬酸钠，铬酸钾，硝酸，硝酸汞、硝酸钴，发烟硫酸，漂白粉
	4. 不属于甲类的化学易燃危险固体	4. 硫磺，镁粉，铝粉，赛璐珞板（片），樟脑，萘，生松香，硝化纤维漆布，硝化纤维色片
	5. 助燃气体	5. 氧气，氟气
	6. 常温下与空气接触能缓慢氧化，积热不散引起自燃的	6. 漆布及其制品，油布及其制品，油纸及其制品，油绸及其制品
丙	1. 闪点≥60℃的液体	1. 动物油、植物油，沥青，蜡，润滑油、机油、重油，闪点≥60℃的柴油，糖醛，50°～60°的白酒
	2. 可燃固体	2. 化学、人造纤维及其织物，纸张，棉、毛、丝、麻及其织物，谷物，面粉，天然橡胶及其制品，竹、木及制品，中药材，电视机、收录机等电子产品，计算机房已录数据的磁盘储存间，冷库中的鱼、肉

续表

类别	火灾危险性特征	举例
丁	难燃烧物品	自熄性塑料及其制品,酚醛泡沫塑料及其制品,水泥刨花板
戊	不燃烧物品	钢材、铝材、玻璃及其制品,搪瓷制品、陶瓷制品,不燃气体,玻璃棉、岩棉、陶瓷棉、硅酸铝纤维、矿棉,石膏及其无纸制品,水泥、石

注:①同一座仓库的任一防火分区内储存不同火灾危险性物品时,仓库或防火分区的火灾危险性应按火灾危险性最大的物品确定。

②丁类、戊类储存物品仓库的火灾危险性,当可燃包装重量大于物品本身重量的1/4或可燃包装体积大于物品本身体积的1/2时,应按丙类确定。

生产和贮存物品的火灾危险性分类,是确定建(构)筑物的耐火等级、布置工艺装置、选择电器设备型式等,以及采取防火防爆措施的重要依据,而且依此确定防爆泄压面积、安全疏散距离、消防用火、采暖通风方式以及灭火器设置数量等,举例见表4-3。

表4-3　根据生产、贮存火险分类采取的防灾措施举例

措施举例	火险类别				
	甲	乙	丙	丁	戊
建筑耐火等级	一、二级	一、二级	一至三级	一至四级	一至四级
防爆泄压面积(m^2/m^3)	0.05~0.10	0.05~0.10	通常不需要	通常不需要	通常不需要
安全疏散距离(多层厂房)(m)	≤25	≤50	≤50	≤50	≤75
室外消防用水量(1 500m^3库房一次灭火用量)(L/S)	15	15	15	10	10
通风	空气不应循环使用,排送风机防爆	空气不应循环使用,排送风机防爆	空气净化后可循环使用	不作专门要求	不作专门要求
采暖	热水蒸气或热风采暖,不得用火炉	热水蒸气或热风采暖,不得用火炉	不作具体要求	不作具体要求	不作具体要求
灭火器设置量(库房)	1个/80m^2,但至少2个	1个/80m^2,但至少2个	1个/100m^2,但至少2个	不作具体要求	不作具体要求

二、爆炸和火灾危险场所等级

为防止电气设备和线路(电火花和电弧、危险温度等)引起爆炸火灾事故,在电力装置设计规范中,根据发生爆炸和火灾的可能性和后果,按危险程度及物质状态的不同,将爆炸和火灾危险场所划分为三类八级,见表4-4。

表4-4　爆炸和火灾危险场所的类别和等级

类别	等级	特征
有可燃气体或易燃液体蒸气爆炸危险的场所	Q-1	正常情况下(如开车、运转、停车或敞开装料、卸料等)能形成爆炸性混合物
	Q-2	在正常情况下不能形成,但在不正常情况下(如设备损坏、误操作、检修、拆卸、泄漏等)能形成爆炸性混合物
	Q-3	在不正常情况下虽也能形成爆炸性混合物,但可能性或范围均较小。如爆炸危险物质的数量较小、爆炸下限较高、所形成的爆炸性混合物的密度很小而难于积聚等
有可燃粉尘和可燃纤维爆炸危险的场所	G-1	正常情况下能形成爆炸性混合物
	G-2	正常情况下不能形成,但在不正常情况下能形成爆炸性混合物
有火灾危险性的场所	H-1	在生产过程中,生产、使用、贮存和输送闪点高于场所环境温度的可燃液体,在数量和配置上,能引起火灾危险的场所
	H-2	在生产过程中,不可能形成爆炸性混合物的悬浮状或堆积状的可燃粉尘或可燃纤维,但在数量和配置上能引起火灾危险的场所
	H-3	有固体状可燃物质,在数量和配置上能引起火灾危险的场所

在可燃易爆物质的生产、使用、贮存和运输过程中,能够形成爆炸性混合物或爆炸性混合物能够侵入的场所,称爆炸危险场所。在生产、使用、贮存和运输可燃物质过程中,能够引起火灾危险的场所,称火灾危险场所。

在划分爆炸和火灾危险场所的类别和等级时,应考虑可燃物质(可燃气体、液体和粉尘)在该场所内的数量、爆炸极限和自燃点、设备条件和工艺过程、厂房体积和结构、通风设施等情况,综合全面的情况进行评定。

表中的“正常情况”包括正常的开车、停车、运转(如敞开装料、卸料等),也包括设备和管线正常允许的泄漏情况;“不正常情况”则包括装置损坏、误操作及装置的拆卸、检修、维护不当造成泄漏,等等。

三、工业建筑的耐火等级

建筑物的耐火能力对限制火灾蔓延扩大和及时进行扑救、减少火灾损失具有重要意义。厂房和库房的耐火等级是由建筑构件的燃烧性能和最低耐火极限决定的，是衡量建筑物耐火程度的标准。建筑物的耐火等级见表 4 - 5（GB 50016—2014）。根据国家建筑设计防火规范，建筑物的耐火等级分为四级。表中非燃烧材料在空气中受到高温作用和火烧时，其耐火极限不低于 1.5h，如钢筋、水泥、砖石、混凝土等；难燃材料在空气中受到高温作用或火烧时，其耐火等级不低于 0.75h，如沥青混凝土、经过防火处理的材料、用有机物填充的混凝土等；燃烧材料在空气中受到高温作用或火烧时，立即能起火或微燃，在火源移走后，仍能继续燃烧，如木材等。

表 4 - 5　不同耐火等级建筑物构件的耐火极限（GB 50016—2014）

名称		耐火等级（h）			
构件		一级	二级	三级	四级
墙	防火墙	不燃烧体 3.00	不燃烧体 3.00	不燃烧体 3.00	不燃烧体 3.00
	承重墙	不燃烧体 3.00	不燃烧体 2.50	不燃烧体 2.00	难燃烧体 0.50
	楼梯间和电梯井的墙	不燃烧体 2.00	不燃烧体 2.00	不燃烧体 1.50	难燃烧体 0.50
	疏散走道两侧的隔墙	不燃烧体 1.00	不燃烧体 1.00	不燃烧体 0.50	难燃烧体 0.25
	非承重外墙	不燃烧体 0.75	不燃烧体 0.50	不燃烧体 0.50	难燃烧体 0.25
	房间隔墙	不燃烧体 0.75	不燃烧体 0.50	不燃烧体 0.50	难燃烧体 0.25
柱		不燃烧体 3.00	不燃烧体 2.50	不燃烧体 2.00	难燃烧体 0.50
梁		不燃烧体 2.00	不燃烧体 1.00	不燃烧体 1.00	难燃烧体 0.50
楼板		不燃烧体 1.50	不燃烧体 1.00	不燃烧体 0.75	难燃烧体 0.50
屋顶承重构件		不燃烧体 1.50	不燃烧体 1.00	难燃烧体 0.50	燃烧体
疏散楼梯		不燃烧体 1.50	不燃烧体 1.00	难燃烧体 0.75	燃烧体
吊顶（包括吊顶搁栅）		不燃烧体 0.25	难燃烧体 0.25	难燃烧体 0.15	燃烧体

注：二级耐火等级建筑的吊顶采用不燃烧体时，耐火等级不限。

厂房耐火等级的选择见表4－6，库房耐火等级的选择见表4－7。

表4－6　厂房的耐火等级、层数和占地面积

生产类别	耐火等级	最多允许层数	防火分区最大允许占地面积(m^2)			
			单层厂房	多层厂房	高层厂房	厂房的地下室和半地下室
甲	一级	除生产必须采用多层者外，宜采用单层	4 000	3 000	—	—
	二级		3 000	2 000	—	—
乙	一级	不限	5 000	4 000	2 000	—
	二级	6	4 000	3 000	1 500	—
丙	一级	不限	不限	6 000	3 000	500
	二级	不限	8 000	4 000	2 000	500
	三级	2	3 000	2 000	—	—
丁	一、二级	不限	不限	不限	4 000	1 000
	三级	3	4 000	2 000	—	—
	四级	1	1 000	—	—	—
戊	一、二级	不限	不限	不限	6 000	1 000
	三级	3	5 000	3 000	—	—
	四级	1	1 000	—	—	—

注：①防火分区之间应采用防火墙分隔。除甲类厂房外的一、二级耐火等级厂房，当其防火分区的建筑面积大于本表规定，且设置防火墙确有困难时，可采用防火卷帘或防火分隔水幕分隔。采用防火卷帘时，应符合GB 50016—2014《建筑设计防火规范》第6.5.3条的规定；采用防火分隔水幕时，应符合现行国家标准GB 50084—2001《自动喷水灭火系统设计规范(2005年版)》的规定。

②除麻纺厂房外，一级耐火等级的多层纺织厂房和二级耐火等级的单、多层纺织厂房，其每个防火分区的最大允许建筑面积可按本表的规定增加0.5倍，但厂房内的原棉开包、清花车间与厂房内其他部位之间均应采用耐火极限不低于2.50h的防火隔墙分隔，需要开设门、窗、洞口时。应设置甲级防火门、窗。

③一、二级耐火等级的单、多层造纸生产联合厂房，其每个防火分区的最大允许建筑面积可按本表的规定增加1.5倍。一、二级耐火等级的湿式造纸联合厂房，当纸机烘缸罩内设置自动灭火系统，完成工段设置有效灭火设施保护时，其每个防火分区的最大允许建筑面积可按工艺要求确定。

④一、二级耐火等级的谷物筒仓工作塔，当每层工作人数不超过2人时，其层数不限。

⑤一、二级耐火等级卷烟生产联合厂房内的原料、备料及成组配方、制丝、储丝和卷接包、辅料周转、成品暂存、二氧化碳膨胀烟丝等生产用房应划分独立的防火分隔单元，当工艺条件许可时，应采用防火墙进行分隔。其中制丝、储丝和卷接包车间可划分为一个防火分区，且每个防火分区的最大允许建筑面积可按工艺要求确定，但制丝、储丝及卷接包车间之间应采用耐火极限不低于2.00h的防火隔墙和1.00h的楼板进行分隔。厂房内各水平和竖向防火分隔之间的开口应采取防止火灾蔓延的措施。

⑥厂房内的操作平台、检修平台，当使用人数少于10人时，平台的面积可不计入所在防火分区的建筑面积内。

⑦“—”表示不允许。

表4-7　库房的耐火等级、层数和占地面积

储存物品类别（见表4-2分类）		耐火等级	最多允许层数	最大允许占地面积（m^2）						
				单层库房		多层库房		高层库房		库房的地下室半地下室
				每座库房	防火墙间	每座库房	防火墙间	每座库房	防火墙间	防火墙间
甲	(3)(4)项	一级	1	180	60	—	—	—	—	—
	(1)(2)(3)(4)项	一、二级	1	750	250	—	—	—	—	—
乙	(1)(3)(4)项	一、二级	3	2 000	800	900	300	—	—	—
		三级	1	500	500	—	—	—	—	—
	(2)(5)(6)项	一、二级	5	2 800	700	1 500	500	—	—	—
		三级	1	900	300	—	—	—	—	—
丙	(1)项	一、二级	5	4 000	1 000	2 100	700	—	—	150
		三级	1	1 200	400	—	—	—	—	—
	(2)项	一、二级	不限	6 000	1 500	3 000	1 000	2 800	700	300
		三级	3	2 100	700	1 200	400	—	—	—
丁		一、二级	不限	不限	3 000	不限	1 500	4 000	1 000	500
		三级	3	3 000	1 000	1 500	500	—	—	—
		四级	1	2 100	700	—	—	—	—	—
戊		一、二级	不限	不限	不限	不限	2 000	6 000	1 500	1 000
		三级	3	3 000	1 000	2 100	700	—	—	—
		四级	1	2 100	700	—	—	—	—	—

注：①仓库内的防火分区之间必须采用防火墙分隔，甲、乙类仓库内防火分区之间的防火墙不应开设门、窗、洞口；地下或半地下仓库（包括地下或半地下室）的最大允许占地面积，不应大于相应类别地上仓库的最大允许占地面积。

②石油库区内的桶装油品仓库应符合现行国家标准 GB 50074—2014《石油库设计规范》的规定。

③一、二级耐火等级的煤均化库，每个防火分区的最大允许建筑面积不应大于12 000m^2。

④独立建造的硝酸铵仓库、电石仓库、聚乙烯等高分子制品仓库、尿素仓库、配煤仓库、造纸厂的独立成品仓库，当建筑的耐火等级不低于二级时，每座仓库的最大允许占地面积和每个防火分区的最大允许建筑面积可按本表的规定增加1.0倍。

⑤一、二级耐火等级粮食平房仓的最大允许占地面积不应大于12 000m^2，每个防火分区的最大允许建筑面积不应大于3 000m^2；三级耐火等级粮食平房仓的最大允许占地面积不应大于3 000m^2，每个防火分区的最大允许建筑面积不应大于1 000m^2。

⑥一、二级耐火等级且占地面积不大于2 000m^2的单层棉花库房，其防火分区的最大允许建筑面积不应大于2 000m^2。

⑦一、二级耐火等级冷库的最大允许占地面积和防火分区的最大允许建筑面积，应符合现行国家标准 GB 50072《冷库设计规范》的规定。

⑧"—"表示不允许。

四、防火分隔与防爆泄压

为实现安全生产，首先应强调防患于未然，把预防放在第一位。但一旦发生事故，则应设法限制火灾的蔓延扩大和削弱爆炸威力的升级，以减少损失。而这些措施在厂房或库房等建筑设计时就应重点考虑。通常采取的措施有防火墙、防火门、防火间距和防爆泄压装置等。

1. 防火墙

根据在建筑物中的位置和构造形式，有与屋脊方向垂直的横向防火墙、与屋脊方向平行的纵向防火墙、内墙防火墙、外墙防火墙和独立防火墙等。内防火墙是把厂房或库房划分成防火单元，可以阻止火势在建筑物内的蔓延扩展；外防火墙是邻近两幢建筑的防火间距不足而设置的无门窗洞的外墙，或两幢建筑物之间的室外独立防火墙。

为了给扑灭火灾赢得时间，要求防火墙应由非燃烧体材料构成，其耐火极限不应低于4h；防火墙应直接砌筑在基础上或框架结构的框架上，当防火墙一侧的屋架、梁和楼板被烧毁或受到严重破坏时，防火墙不致倒塌；防火墙内不应设置通风排气道；不应开设门、窗、洞口，如必须开设时，应设置耐火等级不低于1.2h的防火门，并能自行关闭；可燃气体和液体管道不应穿过防火墙，其他管道若必须穿过时，应用非燃烧材料将管道四周缝隙填塞紧密等。

2. 防火门

已采取防火分隔的相邻区域如需要互相通行时，可在中间设防火门。按燃烧性能不同有非燃烧体防火门和难燃烧体防火门；按开启方式不同有平开门、推拉门、升降门和卷帘门等。

防火门是一种活动的防火分隔物，要求防火门应能关闭紧密，不会窜入烟火；应有较高的耐火极限，甲级防火门的耐火极限不低于1.2h，乙级不低于0.9h，丙级不低于0.6h；为保证在着火时防火门能及时关闭，最好在门上设置自动关闭装置。

3. 防火间距

火灾发生时，由于强烈的热辐射、热对流以及燃烧物质的爆炸飞溅、抛向空中形成飞火，能使邻近甚至远处建筑物形成新的起火点。为阻止火势向相邻建筑物蔓延扩散，应保证建筑物之间的防火间距。厂房的防火间距见表4－8，甲类物品库房的防火间距见表4－9，其他类物品库房的防火间距见表4－10。

表 4－8　厂房的防火间距　　单位：m

耐火等级	一、二级	三级	四级
一、二级	10	12	14
三级	12	14	16
四级	14	16	18

注：①防火间距应按相邻建筑物外墙的最近距离计算。如外墙有凸出的燃烧构件，则应从其凸出部分外缘算起（以后有关条文均同此规定）。

②甲类厂房之间及其与其他厂房之间的防火间距，应按本表增加 2m，戊类厂房之间的防火间距，可按本表减少 2m。

③高层厂房之间及其与其他厂房之间的防火间距，应按本表增加 3m。

④两座厂房相邻较高一面的外墙为防火墙时，其防火间距不限，但甲类厂房之间不应小于 4m。

⑤两座一、二级耐火等级厂房，当相邻较低一面外墙为防火墙且较低一座厂房的房盖耐火极限不低于 1h 时，其防火间距可适当减少，但甲、乙类厂房不应小于 6m，丙、丁、戊类厂房不应小于 4m。

⑥两座一、二级耐火等级厂房，当相邻较高一面外墙的门窗等开口部位设有防火门窗或防火卷窗和水幕时，其防火间距可适当减少，但甲、乙类厂房不应小于 6m，丙、丁、戊类厂房不应小于 4m。

⑦两座丙、丁、戊类厂房相邻两面的外墙均为非燃烧体如无外露的燃烧体屋檐，应每面外墙上的门窗洞口面积之和各不超过该外墙面积的 5%，且门窗洞口不正对开设时，其防火间距可按本表减少 25%。

⑧耐火等级低于四级的原有厂房，其防火间距可按四级确定。

表 4－9　甲类物品库房与建筑物的防火间距　　单位：m

建筑物名称			甲类			
			(3)(4)项		(1)(2)(5)(6)项	
			≤5t	>5t	≤10t	>10t
民用建筑、明火或散发火花地点			30	40	25	30
其他建筑	耐火等级	一、二级	15	20	12	15
		三级	20	25	15	20
		四级	25	30	20	25

注：①甲类物品库房之间的防火间距不应小于 20m，但本表第(3)(4)项物品储量不超过 2t，第(1)(2)(5)(6)项物品储量不超过 5t 时，可减为 12m。

②甲类库房与重要的公共建筑的防火间距不应小于 50m。

表 4-10 乙、丙、丁、戊类物品库房的防火间距 单位:m

耐火等级	一、二级	三级	四级
一、二级	10	12	14
三级	12	14	16
四级	14	16	18

注:①两座库房相邻较高一面外墙为防火墙,且总占地面积不超过本规范第4、2、1条一座库房的面积规定时,其防火间距不限。

②高层库房之间以及高层库房与其他建筑之间的防火间距应按本表增加3m。

4. 防爆泄压装置

有爆炸危险的甲、乙类厂房应设置泄压装置,构成薄弱环节,一旦爆炸发生时,这些薄弱部位首先遭受破坏,瞬时把大量气体和热量泄入大气,削弱爆炸威力的升级,从而减轻承重结构受到的爆炸压力,避免造成倒塌破坏。

厂房的泄压装置可采用轻质板制成的屋顶和易于泄压的门、窗(应向外开启),也可用轻质墙体泄压。当厂房周围环境条件较差时,宜采用轻质屋顶泄压。

泄压面积与厂房体积的比值(单位 m^2/m^3)宜采用 $0.05 \sim 0.22m^2/m^3$,对爆炸介质威力较强或爆炸压力上升速度较快的厂房,应尽量采用较大比值。对容积超过 $1\,000m^3$ 的厂房,采用上述比值有困难时,可适当减少,但最低不应小于 $0.03m^2/m^3$。

泄压面积应布置在靠近易发生爆炸的部位,但应避开人员较多和主要通道等场所。有爆炸危险的生产部位,宜布置在单层厂房的靠外墙处和多层厂房的顶层靠外墙处,以减少爆炸时对其他部位的影响。

第三节 火灾与爆炸探测器及工作原理

一、火灾监测仪表

火灾监测仪表是表现火灾苗头的设备。在火灾酝酿期和发展期陆续出现的火灾信息,有臭气、烟、热流、火光、辐射热等,这些都是监测仪表的探测对象。

1. 感温报警器

感温报警器可分为定温式和差动式两种。定温式感温报警器是在安装检测器的场所温度上升至预定的温度时,在感温元件的作用下发出警报。自动报警的动作温度一般采用65~100℃。图4-1所示为空气模盒式感温探头,它是利用气体的膨胀性使报警信号电触点接通。

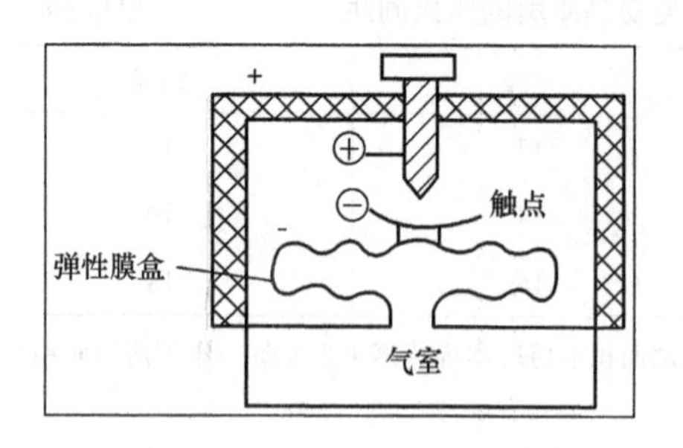

图 4-1　空气膜盒感温探头

定温式感温报警器有采用低熔点合金作为感温元件的，其作用原理是低熔点的金属在达到预定温度时，感温元件熔断。采用双金属片、双金属筒作为感温元件的报警器是在达到预定温度时，元件变形达到某一限度，完成断开或接通电气回路中的触点，从而断开或接通信号电气回路，发出警报。采用热敏半导体作感温元件，是此元件对温度的变化比较敏感，在检测地点的温度发生变化时，它的电阻值将发生较大的变化。采用铂金属丝感温元件，遇温度变化时也会改变其电阻值，从而改变信号电气回路中的电流，当达到预定温度时，信号电气回路中的电流也变化到某一定值，即会报警。

由于火灾发生时，检测地点的温度在较短时间内急骤升高，根据这个特点，差动式感温报警器采用双金属片等感温元件，使得在一定时间内的温升差超过某一限值时，即发出警报。例如，在 1min 内温升超过 10℃或 45s 内温升超过 20℃时即可报警。这就更接近于发生火灾的实际情况，严格限制在这样的条件下报警可以减少误报。

为了提高自动报警器的准确性，有的感温报警器同时采用差动和定温两种感温元件，因而在检测点的温度变化时，既要达到差动式感温元件所预定时间内的温升差，又要同时达到定温式感温元件所预定的温度，才发出警报，这样就可进一步减少误报。这种报警器称为定温差动式感温报警器。

感温报警器适用于那些经常存在大量烟雾、粉尘或水蒸气等场所。

2. 感烟报警器

感烟报警器能在事故地点刚发生阴燃冒烟还没有出现火焰时，即发出警报，所以它具有报警早的优点。根据敏感元件的不同，下面介绍离子感烟报警器和光电感烟报警器。

(1)离子感烟报警器。如图 4-2 所示，它是由两片镅 241 放射源片与信号电气回路构成内电离室和外电离室。内电离室是密闭的，与安装场所内的空气不相通，场所内的空气可以在外电离室的放射源与电极间自由流通。当发生火警时，可燃物阴燃产生的烟雾进入报警器的外电离室，室内的部分离子被烟雾的微粒所吸附，使到达电极上的离子减少，即相当于外电离室的等效电阻值变大，而内电离室的等效电阻值不变，从而改变了内电离室和外电离室的电压分配。利用这种电信号将烟雾信号转换为直流电压信号，输入报警器而发出声、光警报。

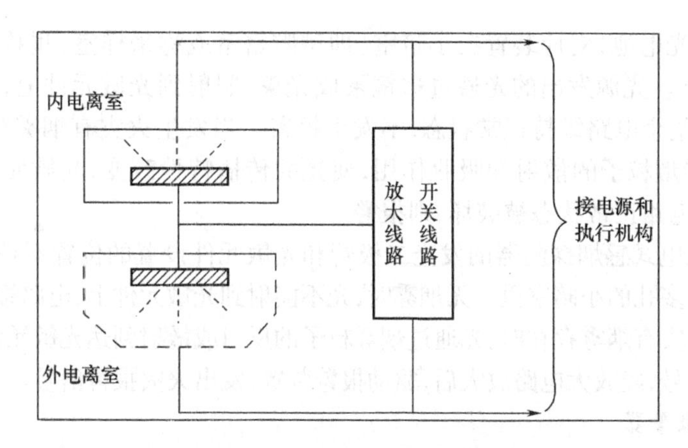

图4-2　离子感烟报警器原理示意图

(2)光电式感烟探测器。光电式感烟探测器是对能影响红外、可见和紫外电磁波频谱区辐射的吸收或散射的燃烧产物敏感的探测器，由光源、光电元件、电子开关及迷宫般的型腔密室组成。它是利用光散射原理对火灾初期产生的烟雾进行探测，并及时发出报警信号。参见图4-3。

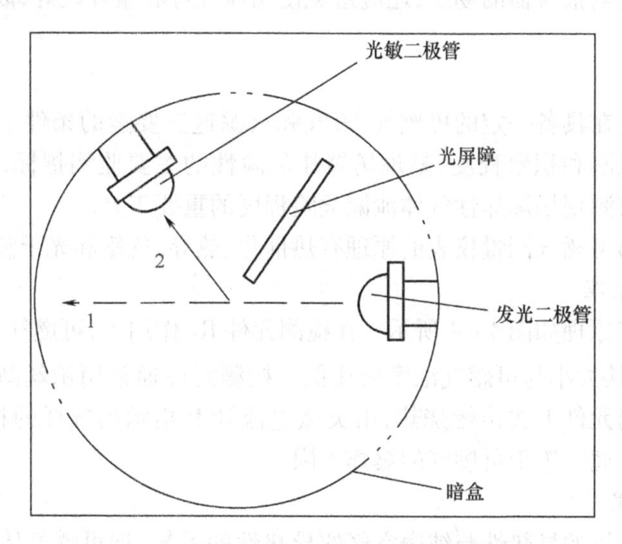

图4-3　光电式感烟探测器原理示意图

注："1"正常光路，"2"因烟颗粒而折射、散射的光。

光电式感烟探测器根据其结构和原理分为遮光型和散射型两种。

遮光型(或减光型)光电式感烟探测器由一个光源(灯泡或发光二极管)和一个

光敏元件(硅光电池)对应装置在小暗室(即型腔密室或称采样室)里构成。在正常(无烟)情况下。光源发出的光通过透镜聚成光束,照射到光敏元件上,并将其转换成电信号,使整个电路维持正常状态,不发生报警。当发生火灾有烟雾存在时,光源发出的光线受烟粒子的散射和吸收作用,使光的传播特性改变,光敏元件接收的光强明显减弱,电路正常状态被破坏,则报警。

散射型光电式感烟探测器的发光二极管和光敏元件设置的位置不是相对的。光敏元件设置在多孔的小暗室里。无烟雾时,光不能射到光敏元件上,电路维持在正常状态。而发生火灾有烟雾存在时,光通过烟雾粒子的反射或散射到达光敏元件上,则光信号转换成电信号,经放大电路放大后,驱动报警装置,发出火灾报警信号。

3. 感光报警器

感光报警器利用物质燃烧时火焰辐射的红外线和紫外线,制成红外检测器和紫外检测器。前者的敏感元件是硫化铝、硫化镉等制成的光导电池,这种敏感元件遇到红外辐射时即可产生电信号。后者的敏感元件是紫外光敏二极管,它只对光辐射中的紫外线波段起作用。光电报警器不适于在明火作业的场所中使用,在安装检测器的场所也不应划火柴、烧纸张,报警系统未切断时也不能动火,否则易发生误报。在安装紫外线光电报警器的场所,还应避免使用氙气灯和紫外线灯,以防误报。

二、测爆仪

爆炸事故是在具备一定的可燃气、氧气和火源这三要素的条件下出现的。其中可燃气的偶然泄漏和积聚程度,是现场爆炸危险性的主要监测指标,相应的测爆仪和报警器便是监测现场爆炸性气体泄漏危险程度的重要工具。

厂矿常用的可燃气测量仪表的原理有热催化、热导、气敏和光干涉等四种。

1. 热催化原理

热催化检测原理如图4-4所示。在检测元件R_1作用下,可燃气发生氧化反应,释放出燃烧热,其大小与可燃气浓度成比例。检测元件通常用铂丝制成。气样进入工作室后在检测元件上放出燃烧热,由灵敏电流计P指示出气样的相对浓度,这种仪表的满刻度值通常等于可燃气的爆炸下限。

2. 热导原理

利用被测气体的导热性与纯净空气的导热性的差异,把可燃气体的浓度转换为加热丝温度和电阻的变化,在电阻温度计上反映出来。其检测原理与热催化原理的电路相同。

3. 气敏原理

气敏半导体检测元件吸附可燃性气体后,电阻大大下降(可由50kΩ下降到10kΩ

左右)，与检测元件串联的微安表可给出气样浓度的指示值，检测电路见图4－5。图中VG为气敏检测元件，由电源E_1加热到200～300℃。气样经扩散到达检测元件，引起检测元件电阻下降，与气样浓度对应的信号电流在微安表PA上指示出来。E_2是测量检测元件电阻用的电源。

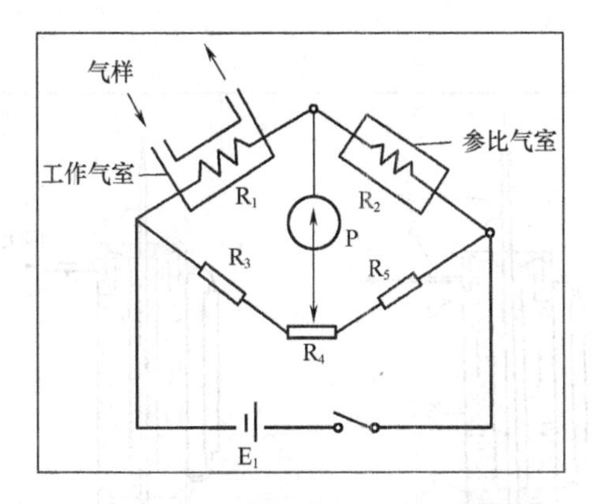

图4－4　催化检测与热导检测原理图

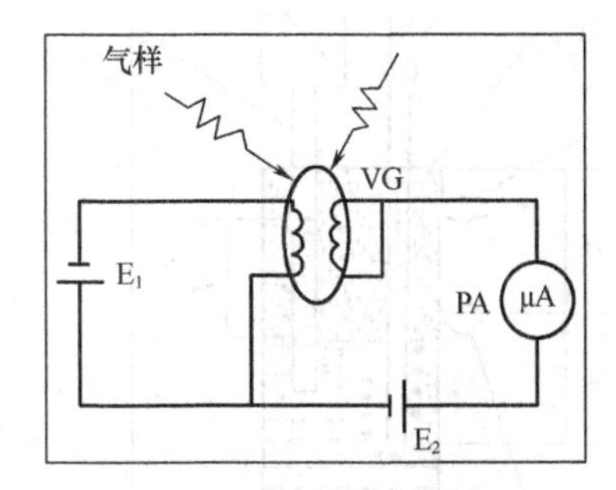

图4－5　气敏检测电路图

第四节　防火与防爆安全装置

防火与防爆安全装置主要有阻火装置、泄压装置和指示装置等。

一、阻火装置

阻火装置的作用是防止火焰蹿入设备、容器与管道内，或阻止火焰在设备和管道内扩展。其工作原理是在可燃气体进出口两侧之间设置阻火介质，当任一侧着火时，火焰的传播被阻而不会烧向另一侧。常用的阻火装置有安全液封、阻火器和单向阀。

1. 安全液封

这类阻火装置以液体作为阻火介质。目前广泛使用安全水封，它以水作为阻火介质，一般装置在气体管线与生产设备之间。常用的安全水封有开敞式和封闭式两种。

(1)开敞式安全水封。其构造和工作原理如图4－6所示，它由罐体1和两根管子——进气管2和安全管3组成，管3比管2短些，插入液面较浅。正常工作状态时，可燃气体经进气管2进入罐内，再从出气管5逸出，此时安全管里的水柱与罐内气体压力平衡。发生火焰倒燃时，由于进气管插入液面较深，安全管首先离开水面，火焰被水所阻而不会进入另一侧。

图4－7所示为安全管与进气管同心安置的开敞式安全水封，它的结构比较紧

凑,其工作原理与上述安全水封相同。图中水位计用以观察罐内的水量是否符合要求;分气板7为减少进气时引起水的剧烈搅动,避免形成水泡;分水板4促使气水分离,避免可燃气出气时带水过多。

开敞式安全水封适用于压力较低的燃气系统。

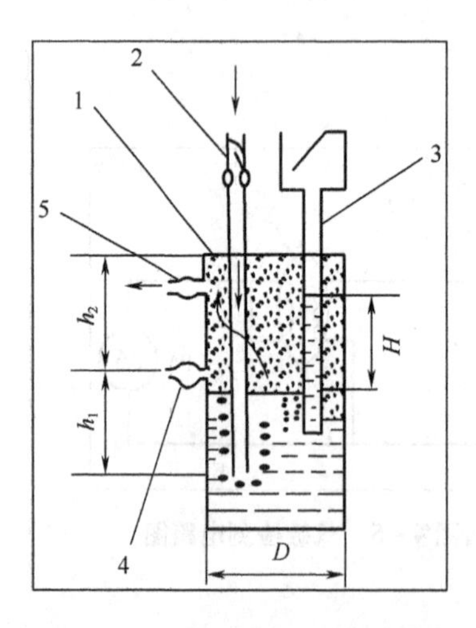

图4-6 开敞式安全水封示意图

1—罐体;2—进气管;3—安全管;4—水位截门;5—出气管

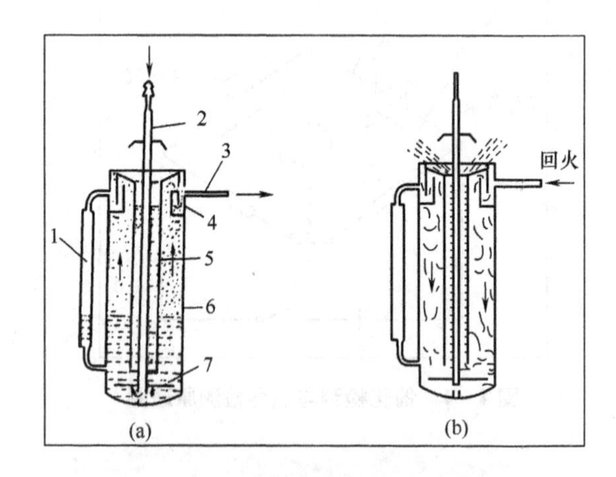

图4-7 安全管与进气管同心安置的开敞式安全水封

1—水位计;2—进气管;3—出气管;4—分水板;5—水封安全管;6—罐体;7—分气板

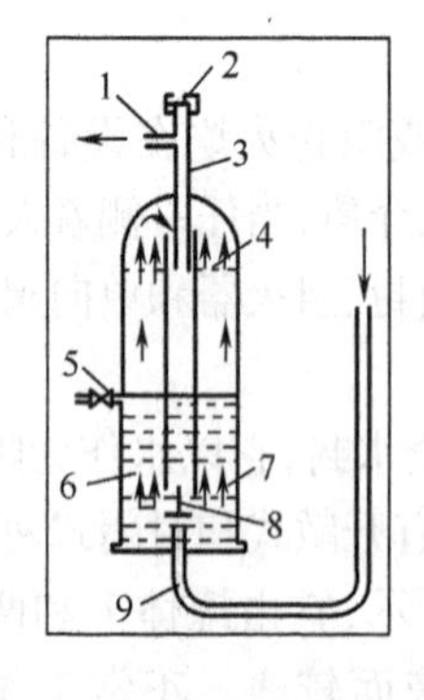

图4-8 封闭式安全水封

1—出气管;2—防爆膜;3—分水管;4—分水板;5—水位阀;6—罐体;7—分气板;8—逆止阀;9—进气管

(2)封闭式安全水封。其构造和工作原理如图4-8所示。正常工作时,可燃气体由进气管9流入,经逆止阀8、分气板7、分水板4和分水管3(减少乙炔带水现象),从出气管1输出。发生火焰倒燃时,罐内压力增高,压迫水面,并通过水层使逆止阀作瞬时关闭,进气管暂停供气;同时,倒燃的火焰和气体将罐体顶部的防爆膜2冲破,散发到大气中。由于水层也起着隔火作用,因此能比较有效地防止火焰进入另一侧。

逆止阀在火焰倒燃过程中只能暂时切断可燃气气源,所以在发生倒燃后,必须关闭可燃气总阀,更换防爆膜,才能继续使用。

封闭式水封适用于压力较高的燃气系统。

(3)安全液封的计算。

①进气管内径 d_1

$$d_1 = \sqrt{\frac{G \times 10^6}{0.785 \times 3\ 500 \times v}} = 18.8\sqrt{\frac{G}{v}}\ \text{mm} \tag{4-1}$$

式中:G——可燃气体流量,m^3/h;

v——进气管中气体的平均速度,m/s。

②安全管内径 d_3(mm)

当管子同心安置时:

$$d_3 = (1.4 \sim 1.5)d_2 \tag{4-2}$$

当管子并排安置时:

$$d_3 = (0.8 \sim 1.2)d_1 \tag{4-3}$$

两式中的 d_1、d_2 分别为进气管的内径和外径。

③罐体内径 D

$$D = 18.8\sqrt{\frac{G}{v_1}}\quad \text{mm} \tag{4-4}$$

式中:v_1——罐体内气体的平均速度,m/s。

④罐体壁厚 b

开敞型:

$$b = \left(\frac{1}{180} \sim \frac{1}{70}\right)D\quad \text{mm} \tag{4-5}$$

封闭型:

$$b = \frac{pD}{2\tau_0\phi - p} + C\quad \text{mm} \tag{4-6}$$

式中:p——设计压力,MPa;

D——罐体内径,mm;

τ_0——许用应力,MPa;

ϕ——焊缝系数,取 0.7;

C——锈蚀附加量,一般取 0.5mm。

⑤气室高度 h_2

为了保证把可燃气体中所带走的小水珠充分地分离出来,需给所形成的气水乳液分配一定的容积,气室高度按下式选取:

对于开敞型,　$h_2 = (1 \sim 3.5)D$　mm　(4-7)

对于封闭型,　$h_2 = (1.1 \sim 3.8)D$　mm　(4-8)

高度 h_2 的较小数值,适用于具有分水板(器)的回火防止器。

⑥水室高度 h_1

开敞型: $$h_1=(0.45\sim1.3)D\quad mm \tag{4-9}$$

封闭型: $$h_1=(1.85\sim3)D\quad mm \tag{4-10}$$

在选择开敞型的 h_1 值时,应使得罐体中一部分水排到安全管中,并达到相当于罐体里气体最高压力的 H 值。此时,罐体中的水平面仍然要高于安全管的下端面。

⑦气体分配板的孔径 d_0

$$d_0=18.8\sqrt{\frac{G}{v_0z}}\quad mm \tag{4-11}$$

式中:v_0——分气板孔中气体的许用平均速度,m/s;

z——分气板的孔数。

(3)使用安全要求。

①使用安全水封时,应随时注意水位不得低于水位计(或水位截门)所标定的位置。但水位也不应过高,否则除了可燃气体通过困难外,水还可能随可燃气体一道进入出气管。每次发生火焰倒燃后,应随时检查水位并补足。安全水封应保持垂直位置。

②冬季使用安全水封时,在工作完毕后应把水全部排出、洗净,以免冻结。如发现冻结现象,只能用热水或蒸汽加热解冻,严禁用明火或红铁烘烤。为了防冻,可以水中加少量食盐以降低冰点(溶液内含食盐量为13.6%时,冰点为-10.4℃;22.4%时,为-21.2℃)。

③使用封闭式安全水封时,由于可燃气体(尤其是碳氢化合物)中可能带有黏性油质的杂质,使用一段时间后容易糊在阀和阀座等处,所以需要经常检查逆止阀的气密性。

2. 阻火器

这类阻火装置的工作原理是:火焰在管中蔓延的速度随着管径的减小而减小,最后可以达到一个火焰不蔓延的临界直径。按照热损失的观点来分析,管壁受热面积和混合气体积之比为:

$$\frac{2\pi rh}{\pi r^2h}=\frac{2}{r}\text{或}\frac{4}{d} \tag{4-12}$$

当管径为10cm时,其比值等于0.4。当管径为2cm时,其比值等于2。由此可见,随着管子直径的减少,热损失就逐渐加大,燃烧温度和火焰传播速度就相应降低。当管径小到某个极限值时,管壁的热损失大于反应热,从而使火焰熄灭。阻火器就是根据上述链式反应理论的原理制成的,即在管路上连接一个内装细孔金属网或砾石的圆筒，则可以阻止火焰从圆筒的一侧蔓延到另一侧。

影响阻火器性能的因素是阻火层的厚度及其孔隙直径和通道的大小。某些气体和蒸气阻火器孔隙的临界直径如下，甲烷 0.4 ~ 0.5mm，氢及乙炔 0.1 ~ 0.2 mm，汽油及天然石油气 0.1 ~ 0.2 mm。

金属网阻火器如图 4 – 9 所示，是用若干具有一定孔径的金属网把空间分隔成许多小孔隙。对于一般有机溶剂采用 4 层金属网已可阻止火焰扩展，通常采用 6 ~ 12 层。

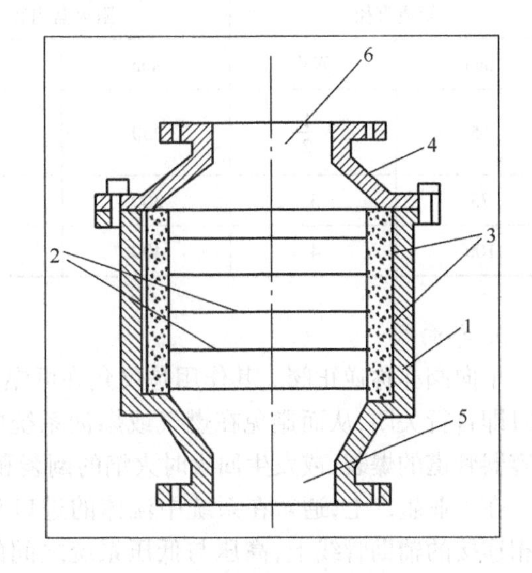

图 4 – 9　金属网阻火器

1—阀体；2—金属网；3—垫圈；4—上盖；5—进口；6—出口

砾石阻火器是用砂粒、卵石、玻璃球或铁屑、铜屑等作为填充料，这些阻火介质使阻火器内的空间被分隔成许多非直线性小孔隙，当可燃气体发生倒燃时，这些非直线性微孔能有效地阻止火焰的蔓延，其阻火效果比金属网阻火器更好。阻火介质可采用 3 ~ 4mm 直径的砾石，也可用小型金属环、陶土环或玻璃球等。

阻火器的内径与外壳长度和管道直径的关系见表 4 – 11。

表 4 – 11　阻火器的内径与外壳长度和管道直径的关系

管道直径		阻火器内径		阻火器外壳长度(mm)	
mm	英寸	mm	英寸	波纹金属片式	砾石式
12	$\frac{1}{2}$	50	2	100	200
20	$\frac{3}{4}$	75	3	130	230
25	1	100	4	150	250
38	$1\frac{1}{2}$	150	6	200	300
50	2	200	8	250	350

续表

管道直径		阻火器内径		阻火器外壳长度(mm)	
mm	英寸	mm	英寸	波纹金属片式	砾石式
65	$2\frac{1}{2}$	250	10	300	400
75	3	300	12	350	450
100	4	400	16	450	500

3. 单向阀

单向阀亦称逆止阀。其作用是仅允许可燃气体或液体向一个方向流动,遇有倒流时即自行关闭,从而避免在燃气或燃油系统中发生流体倒流,或高压窜入低压造成容器管道的爆裂,或发生回火时火焰的倒袭和蔓延等事故。

在工业生产上,通常在系统中流体的进口与出口之间,与燃气或燃油管道及设备相连接的辅助管线上,高压与低压系统之间的低压系统上,或压缩机与油泵的出口管线上安置单向阀。

二、泄压装置

泄压装置包括安全阀和爆破片。

1. 安全阀

安全阀的作用是为了防止设备和容器内压力过高而爆炸,包括防止物理性爆炸(如锅炉压力容器、蒸馏塔等的爆炸)和化学性爆炸(如乙炔发生器的乙炔受压分解爆炸)。当容器和设备内的压力升高超过安全规定的限度时,安全阀即自动开启,泄出部分介质,降低压力至安全范围内再自动关闭,从而实现设备和容器内压力的自动控制,防止设备和容器的破裂爆炸。安全阀在泄出气体或蒸气时,产生动力声响,还可起到报警的作用。

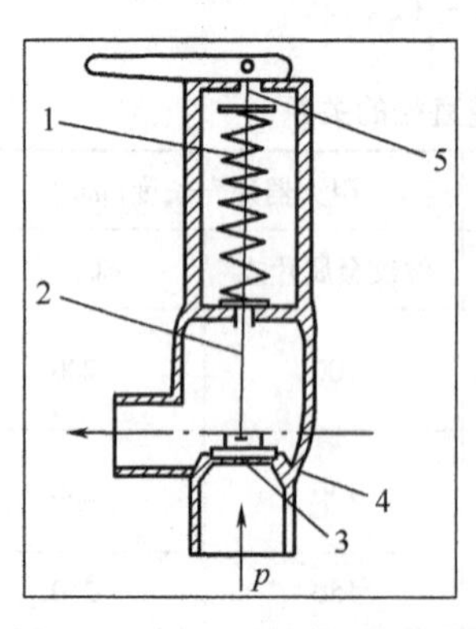

图4-10 弹簧式安全阀

1—弹簧;2—阀杆;3—阀芯;4—阀体;5—调节螺栓

安全阀按其结构和作用原理分为静重式、杠杆式和弹簧式等。目前多用弹簧式安全阀,其结构如图4-10所示。它由弹簧1、阀杆2、阀芯3、阀体4和调节螺栓5等组成。弹簧式安全阀是利用气体压力与弹簧压力之间的压力差变化，来达到自动开启或关闭的要求。弹簧的压力由调节螺栓来调节，这种安全阀有结构紧凑、轻便和灵敏可靠等优点。

为使安全阀经常保持灵敏有效，应定期作排气试验，防止排气管、阀体及弹簧等被气流中的灰渣、黏性杂质及其他物料堵塞黏结；应经常检查是否有漏气或不停地排气等现象，并及时检修。安全阀漏气的原因一般是密封面被腐蚀或磨损而产生凹坑沟痕，阀芯与阀座的同心度由于安装不正确或其他原因而被破坏，以及装配质量不好等。

设置安全阀时应注意下列几点。

(1)压力容器的安全阀最好直接设在容器本体上。液化气体容器上的安全阀应安装于气相部分，防止排出液态物料，发生事故。

(2)如安全阀用于排泄可燃气体，直接排入大气，则必须引至远离明火或易燃物，而且通风良好的地方，排放管必须逐段用导线接地以消除静电的作用。如果可燃气体的温度高于它的自燃点，应考虑防火措施或将气体冷却后再排入大气。

(3)安全阀用于泄放可燃液体时，宜将排泄管接入事故贮槽、污油罐或其他容器；用于泄放高温油气或易燃、可燃液体等遇空气可能立即着火的物质时，宜接入密闭系统的放空塔或事故贮槽。

(4)室内的设备如蒸馏塔、可燃气体压缩机的安全阀、放空口宜引出房顶，并高于房顶 2m 以上。

2. 爆破片

爆破片又称防爆膜、泄压膜，是一种断裂型的安全泄压装置。它的一个重要作用是当设备发生化学性爆炸时，保护设备免遭破坏。其工作原理是根据爆炸过程的特点，在设备或容器的适当部位设置一定大小面积的脆性材料(如铝箔片等)，构成薄弱环节。当爆炸刚发生时，这些薄弱环节在较小的爆炸压力作用下，首先遭受破坏，立即将大量气体和热量释放出去，爆炸压力也就很难再继续升高，从而保护设备或容器的主体免遭更大损坏，使在场的生产人员不致遭受致命的伤亡。

爆破片的另一个作用是，如果压力容器的介质不洁净、易于结晶或聚合，这些杂质或结晶体有可能堵塞安全阀，使得阀门不能按规定的压力开启，失去了安全阀泄压作用，在此情况下就只得用爆破片作为泄压装置。

此外，对于工作介质为剧毒气体或在可燃气体(蒸气)里含有剧毒气体的压力容器，其泄压装置也应采用爆破片，而不宜用安全阀，以免污染环境。因为对于安全阀来说，微量的泄漏是难免的。

爆破片的安全可靠性决定于爆破片的厚度、泄压面积和膜片材料的选择。

设备或容器运行时，爆破片需长期承受工作压力、温度或腐蚀，还要保证设备的气密性，而且遇到爆炸增压时必须立即破裂。这就要求泄压膜材料要有一定的强度，以承受工作压力；有良好的耐热、耐腐蚀性；同时还应具有脆性，当受到爆炸波冲击时，易于破裂；厚度要尽可能的薄，但气密性要好等。爆破片的材料有石棉板、塑料、铝、铜、橡皮、碳钢、不锈钢等，应根据不同设备的工作介质、压力、温度等技术参数，合理选择。

爆破片应有足够的泄压面积，以保证膜片破裂时能及时泄放容器内的压力，防止压力继续迅速增加而导致容器发生爆炸。一般按 $1m^3$ 容积取 $0.035 \sim 0.18m^2$，但对氢和乙炔的设备则应大于 $0.4m^2$。

爆破片的厚度可按下式计算：

$$\delta = \frac{pD}{K} \tag{4-13}$$

式中：δ——爆破片厚度，mm；

p——设计的爆破压力，Pa；

D——泄压孔直径，mm；

K——应力系数，根据不同材料选择，

铝：$2.4\times10^3 \sim 2.9\times10^3$（温度 <100℃），

铜：$7.7\times10^3 \sim 8.8\times10^3$（温度 <200℃）。

其中，当材料完全退火，膜片厚度较薄时，K 值取下限值。

安装于室内的设备，其工作介质为可燃易爆物质或含有剧毒物质时，应在爆破片上接装导爆筒，并使其通向室外安全地点，以防止爆破片破裂后，大量可燃易爆物质和剧毒物质在室内扩散，扩大火灾爆炸和中毒事故。设备的工作介质具有腐蚀性时，应在膜片上涂上聚四氟乙烯防腐剂。

对于泄压孔直径较大的爆破片，当厚度很薄时，往往会有鼓包现象。为避免采用过薄的爆破片，可在爆破片上刻画刀痕或滚花。加工后的爆破片，强度会发生变化，其爆破压力可按下式计算：

铜：$\delta = 0.226\times0.001\times p\times D$

铝：$\delta = 0.79\times0.001\times p\times D$

式中：δ——加工后的爆破片的剩余厚度，cm。

应当指出，爆破片的可靠性必须经过爆破试验鉴定。铸铁爆破片破裂时，会发生火花，因此采用铝片或铜片比较安全。

凡有重大爆炸危险性的设备、容器及管道，都应安装爆破片（如气体氧化塔、球磨机、进焦煤炉的气体管道、乙炔发生器等）。

三、指示装置

用于指示系统的压力、温度和水位的装置为指示装置。它使操作者能随时观察了解系统的状态，以便及时加以控制和妥善处理。常用的指示装置有压力表、温度计和水位计（或水位龙头）。图4－11所示为弹簧管压力表，当气体流入弹簧弯管时，由于内压作用，使弯管向外伸展，发生角位变形，通过阀杆6和扇形齿轮7带动小齿轮8转动。小齿轮轴上装有指针，指示设备或系统内介质的压力。

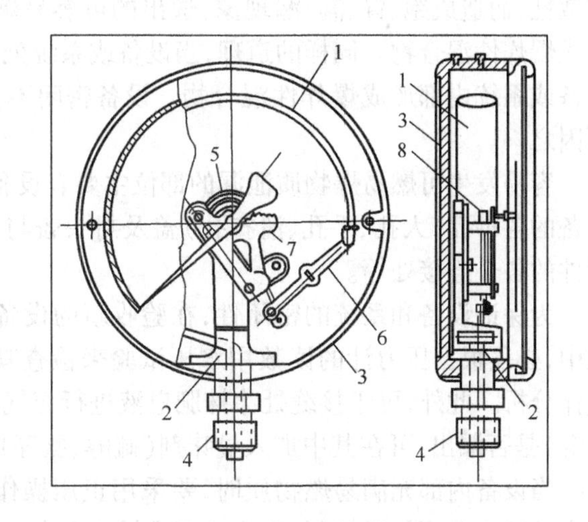

图4－11　弹簧管式压力表

1—弹簧弯管；2—支座；3—表壳；4—接头；5—游丝；6—阀杆；7—扇形齿轮；8—小齿轮

压力表的使用应注意下列几点。

(1)应经常注意检查指针转动与波动是否正常，如发现有指示不正常的现象时，应立即停止使用，并进行维修。

(2)压力表应保持洁净，表盘上的玻璃明亮清晰，指针所指示的压力值能清楚易见。安全检查的情况表明，许多单位的压力表没有达到这一要求，有的表盘刻度模糊不清，有的表盘上没有指针，失去了压力表的作用。

(3)压力表的连接管要定期吹洗，防止堵塞。

(4)压力表应定期校验。

第五节　预防形成爆炸性混合物

在生产过程中，应根据可燃易爆物质的燃烧爆炸特性，以及生产工艺和设备的条件，采取有效的措施，预防在设备和系统里或在其周围形成爆炸性混合物。这类措施主要有设备的密闭、厂房通风、惰性介质保护、以不燃溶剂代替可燃溶剂、危险物品的隔离贮存、妥善处理含有危险成分的“三废”物质等。

一、设备密闭

装盛可燃易爆介质的设备和管路,如果气密性不好,就会由于介质的流动性和扩散性,而造成跑、冒、滴、漏现象,逸出的可燃易爆物质,可使设备和管路周围空间形成爆炸性混合物。同样的道理,当设备或系统处于负压状态时,空气就会渗入,使设备或系统内部形成爆炸性混合物。设备密闭不良是发生火灾和爆炸事故的主要原因之一。

容易发生可燃易爆物质泄漏的部位主要有设备的转轴与壳体或墙体的密封处,设备的各种孔(人孔、手孔、清扫孔)盖及封头盖与主体的连接处,以及设备与管道、管件的各个连接处等。

为保证设备和系统的密闭性,在验收新的设备时,在设备修理之后及在使用过程中,必须根据压力计的读数用水压试验来检查其密闭性,测定其是否漏气并进行气体分析。此外,可于接缝处涂抹肥皂液进行充气检验。为了检查无味气体(氢、甲烷等)是否漏出,可在其中加入显味剂(硫醇、氨等)。

当设备内部充满易燃物质时,要采用正压操作,以防外部空气渗入设备内。设备内的压力必须加以控制,不能高于或低于额定的数值。压力过高,轻则渗漏加剧,重则破裂而致大量可燃物质排出;压力太低也不好,如煤气导管中的压力应略高于大气压,若压力降低,就有渗入空气、发生爆炸的可能。通常可设置压力报警器,在设备内压力失常时及时报警。

对爆炸危险度大的可燃气体(乙炔、氢气等)以及危险设备和系统,在连接处应尽量采用焊接接头,减少法兰连接。

二、厂房通风

要使设备达到绝对密闭是很难办到的,总会有一些可燃气体、蒸气或粉尘从设备系统中泄漏出来,而且生产过程中某些工艺(如喷漆)有时也会挥发出可燃性物质。因此,必须用通风的方法使可燃气体、蒸气或粉尘的浓度不致达到危险的程度,一般应控制在爆炸下限的1/5以下。如果挥发物既有爆炸性又对人体有害,其浓度应同时控制到满足GBZ1—2010《工业企业设计卫生标准》的要求。

在设计通风系统时,应考虑到气体的相对密度。某些比空气重的可燃气体或蒸气,即使是少量物质,如果在地沟等低洼地带积聚,也可能达到爆炸极限,此时车间或库房的下部亦应设通风口使可燃易爆物质及时排出。从车间中排出含有可燃物质的空气时,应设置防爆的通风系统,鼓风机的叶片应采用碰击时不会发生火花的材料制造,通风管内应设有防火遮板,使一处失火时能迅速遮断管路,避免波及他处。

三、惰性气体保护

当可燃性物质可能与空气或氧气接触时，向混合物中送入氮、二氧化碳、水蒸气、烟道气等惰性气体（或称阻燃性气体），有很大的实际意义。这些阻燃性气体在通常条件下化学活泼性差，没有燃烧爆炸危险。

向可燃气体、蒸气或粉尘与空气的混合物中加入惰性气体，可以达到两种效果，一是缩小甚至消除爆炸极限范围；二是将混合物冲淡。例如：易燃固体物质的压碎、研磨、筛分、混合以及粉状物料的输送，可以在惰性气体的覆盖下进行；当厂房内充满可燃性物质而具有危险时（如发生事故使车间、库房充满有爆炸危险的气体或蒸气），应向这一地区放送大量惰性气体加以冲淡；在生产条件允许的情况下，可燃混合物在处理过程中亦应加入惰性气体作为保护气体；还有用惰性介质充填非防爆电器、仪表；在停车检修或开工生产前，用惰性气体吹扫设备系统内的可燃物质；等等。总之，合理利用惰性气体，对防火与防爆有很大的实际作用。生产上目前常用的惰性气体有氮、二氧化碳和水蒸气。采用烟道气时应经过冷却，并除去氧及残余的可燃组分。氮气等惰性气体在使用前应经过气体分析，其中含氧量不得超过2%。

惰性气体的需用量取决于混合物中允许的最高含氧量（氧限值），亦即在确定惰性气体的需用量时，一般并不是根据惰性气体的浓度达到哪一数值时可以遏止爆炸，而是根据加入惰性气体后，氧的浓度降到哪一数值时爆炸即不发生。可燃物质与空气的混合物中加入氮或二氧化碳，成为无爆炸性混合物时氧的浓度，见表4－12。

表4－12　可燃混合物不发生爆炸时氧的最高含量（体积百分比）

可燃物质	氧的最大安全浓度（%）		可燃物质	氧的最大安全浓度（%）	
	CO_2稀释剂	N_2稀释剂		CO_2稀释剂	N_2稀释剂
甲烷	14.6	12.1	丁二烯	13.9	10.4
乙烷	13.4	11.0	氢	5.9	5.0
丙烷	14.3	11.4	一氧化碳	5.9	5.6
丁烷	14.5	12.1	丙酮	15	13.5
戊烷	14.4	12.1	苯	13.9	11.2
已烷	14.5	11.9	煤粉	16	
汽油	14.4	11.6	麦粉	12	
乙烯	11.7	10.6	硬橡胶粉	13	
丙烯	14.1	11.5	硫	11	

惰性气体的需用量,可根据表 4 -6 中的数值用下列公式计算:

$$X = \frac{21 - w_{O_2}}{w_{O_2}}V \qquad (4-14)$$

式中:X——惰性气体的需用量,L;

w_{O_2}——从表中查得的最高含氧量,%;

V——设备内原有空气容积(即空气总量,其中氧占21%)。

例如,假若氧的最高含量为 12%,设备内原有空气容积为 100L,则 $X = \frac{21-12}{12} \times 100 = 75L$。这就是说,必须向空气容积为 100L 的设备输入 75L 的惰性气体,然后才能进行操作。而且在操作中每输入或渗入 100L 的空气,必须同时引入 75L 的惰性气体,才能保证安全。

必须指出,以上计算的惰性气体是不含有氧和其他可燃物的,如使用的惰性气体只含有部分氧,则惰性气体的用量用下式计算:

$$X = \frac{21 - w_{O_2}}{w_{O_2} - w'_{O_2}}V$$

式中:w'_{O_2}——惰性气体中的含氧量,%。

例如在前述条件下,如所加入的惰性气体中含氧 6%,则

$$X = \left(\frac{21-12}{12-6}\right) \times 100 = 150L$$

在向有爆炸危险的气体或蒸气中加入惰性气体时,应避免惰性气体的漏失以及空气渗入其中。

[例 1]某新置苯贮罐,$V = 200m^3$,使用前需充入多少氮气(氮气中含氧 1%)才能保证安全?

[解]由表 4 -6 查得

$$w_{O_2} = 11.2$$

$$w'_{O_2} = 1$$

所需氮气容积为:

$$X = \frac{21 - w_{O_2}}{w_{O_2} - w'_{O_2}}V = \frac{21 - 11.2}{11.2 - 1} \times 200 = 192m^3$$

答:必须充入氮气 $192m^3$ 才能保证安全。

四、以不燃溶剂代替可燃溶剂

以不燃或难燃的材料代替可燃或易燃材料，是防火与防爆的根本性措施。因此，在满足生产工艺要求的条件下，应当尽可能地用不燃溶剂或火灾危险性较小的物质代替易燃溶剂或火灾危险性较大的物质，这样可防止形成爆炸性混合物，为生产创造更为安全的条件。常用的不燃溶剂主要有甲烷和乙烷的氯衍生物，如四氯化碳、三氯甲烷和三氯乙烷等。使用汽油、丙酮、乙醇等易燃溶剂的生产可以用四氯化碳、三氯乙烷或丁醇、氯苯等不燃溶剂或危险性较低的溶剂代替。又如，四氯化碳可用来代替溶解脂肪、沥青、橡胶等所采用的易燃溶剂。但这类不燃溶剂具有毒性，在发生火灾时它们能分解放出光气，因此应采取相应的安全措施。例如，为避免泄漏必须保证设备的气密性，严格控制室内的蒸气浓度，使之不得超过卫生标准规定的浓度等。

评价生产中所使用溶剂的火灾危险性时，饱和蒸气压和沸点是很重要的参数。饱和蒸气压越大，蒸发速度越快，闪点越低，则火灾危险性越大；沸点较高（如沸点在110℃以上）的液体，在常温（18～20℃）时所挥发出来的蒸气是不会到达爆炸危险浓度的。危险性较小的液体的沸点和蒸气压见表4－13。

表4－13　危险性较小的物质的沸点及蒸气压

物质名称	沸点（℃）	20℃时的蒸气压（Pa）	物质名称	沸点（℃）	20℃时的蒸气压（Pa）
戊醇	130	267	氯苯	130	1 200
丁醇	114	534	二甲萘	135	1 333
醋酸戊酯	130	800			
乙二醇	126	1 067			

五、危险物品的贮存

性质相互抵触的化学危险物品如果贮存不当，往往会酿成严重的事故。例如：无机酸本身不可燃，但与可燃物质相遇能引起着火及爆炸；氯酸盐与可燃的金属相混时能使金属着火或爆炸；松节油、磷及金属粉末在卤素中能自行着火；等等。由于各种化学危险品的性质不同，因此，它们的贮存条件也不相同。为防止不同性质物品在贮存中互相接触而引起火灾和爆炸事故，应了解各种化学危险品混存的危险性及贮存原则，见表4－14、表4－15和附录三危险化学品贮存通则。

表4－14 接触或混合后能引起燃烧的物质

序号	接触或混合后能引起燃烧的物质	序号	接触或混合后能引起燃烧的物质
1	溴与磷、锌粉、镁粉	5	高温金属磨屑与油性织物
2	浓硫酸、浓硝酸与木材、织物等	6	过氧化钠与醋酸、甲醇、丙酮、乙二醇等
3	铝粉与氯仿	7	硝酸铵与亚硝酸钠
4	王水与有机物		

表4－15 形成爆炸混合物的物质

序号	形成爆炸混合物的物质
1	氯酸盐、硝酸盐与磷、硫、镁、铝、锌等易燃固体粉末以及脂类等有机物
2	过氯酸或其盐类与乙醇等有机物
3	过氯酸盐或氯酸盐与硫酸
4	过氧化物与镁、锌、铝等粉末
5	过氧化二苯甲酰和氯仿等有机物
6	过氧化氢与丙酮
7	次氯酸钙与有机物
8	氢与氟、臭氧、氧、氧化亚氮、氯
9	氨与氯、碘
10	氯与氮、乙炔与氯、乙炔与二倍容积的氯、甲烷与氯等加上日光
11	三乙基铝、钾、钠、碳化铀、氯磺酸遇水
12	氯酸盐与硫化物
13	硝酸钾与醋酸钠
14	氰化钾与硝酸盐、氯酸盐、氯、高氯酸盐共热时
15	硝酸盐与氯化亚锡
16	液态空气、液态氧与有机物
17	重铬酸铵与有机物
18	联苯胺与漂白粉(135℃时)
19	松脂与碘、醚、氯化氮及氟化氮
20	氟化氨与松节油、橡胶、油脂、磷、氨、硒
21	环戊二烯与硫酸、硝酸

续表

序号	形成爆炸混合物的物质
22	虫胶(40%)与乙醇(60%)在140℃时
23	乙炔与铜、银、汞盐
24	二氧化氮与很多有机物的蒸气
25	硝酸铵、硝酸钾、硝酸钠与有机物
26	高氯酸钾与可燃物
27	黄磷与氧化剂
28	氯酸钾与有机可燃物
29	硝酸与二硫化碳、松节油、乙醇及其他物质
30	氯酸钠与硫酸、硝酸
31	氯与氢(见光时)

第六节　控制着火源

工业生产过程中,存在着多种引起火灾和爆炸的火源,例如,化工企业中常见的火源有明火、化学反应热、化工原料的分解自燃、热辐射、高温表面、摩擦和撞击、绝热压缩、电气设备及线路的过热和火花、静电放电、雷击和日光照射,等等。消除火源是防火与防爆的最基本措施,控制着火源对防止火灾和爆炸事故的发生具有极其重要的意义。下面着重讨论一般工业生产中常见火源的防范措施。

一、明火

明火指敞开的火焰、火星和火花等。敞开火焰具有很高的温度和很大的热量,是引起火灾的主要着火源。

工厂中熬炼油类、固体的沥青、蜡等各种可燃物质,是容易发生事故的明火作业。熬炼过程中由于物料含有水分、杂质,或由于加料过满而在沸腾时溢出锅外,或是由于烟道裂缝蹿火及锅底破漏,或是加热时间长、温度过高等,都有可能导致着火事故。因此,在工艺操作过程中,加热易燃液体时,应当采用热水、水蒸气或密闭的电器以及其他安全的加热设备。如果必须采用明火,设备应该密闭,炉灶应用封闭的砖墙隔绝在单独的房间内,周围及附近地区不得存放可燃易爆物质。点火前炉膛应用惰性气体吹扫,排除其中的可燃气体或蒸气与空气的爆炸性混合气,而且对熬炼设备应经常进行检查，防止烟道蹿火和熬锅破漏。为防止易燃物质漏入燃烧室，设备应定期作水压试验和气压试验。熬炼物料时不能装盛过满，应留出一定的空间；为防止沸腾时物料溢出锅外，可在锅沿外围设置金属防溢槽，使溢出锅外的物料不致与灶火接触。还可以采用“死锅活灶”的方法，以便能随时撤出灶火。此外，应随时清除锅沿上的可燃物料积垢。为避免锅内物料温度过高，操作者一定要坚守岗位，监护温升情况，有条件的可采用自动控温仪表。

喷灯是常用的加热器具，尤其是在维修作业中，多用于局部加热、解冻、烤模和除漆等。喷灯的火焰温度可高达1 000℃以上，这种高温明火的加热器具如果使用不当，就有造成火灾或爆炸的危险。使用喷灯解冻时，应将设备和管道内的可燃性保温材料清除掉，加热作业点周围的可燃易爆物质也应彻底清除。在防爆车间和仓库使用喷灯，必须严格遵守厂矿企业的用火证制度；工作结束时应仔细清查作业现场是否留下火种，应注意防止被加热物件和管道由于热传导而引起火灾；使用过的喷灯应及时用水冷却，放掉余气并妥善保管。

存在火灾和爆炸危险的场地，如厂房、仓库、油库等地，不得使用蜡烛、火柴或普通灯具照明；汽车、拖拉机一般不允许进入，如确需进入，其排气管上应安装火花熄灭器。在有爆炸危险的车间和仓库内，禁止吸烟和携带火柴、打火机等，为此，应在醒目的地方张贴警惕标志以引起注意。如果绝对禁止吸烟很难做到，而又有一定的条件，可在附近划出比较安全的地方，作为吸烟室，只准许在其室内点火吸烟。

明火与有火灾及爆炸危险的厂房和仓库等相邻时，应保证足够的安全间距，例如化工厂内的火炬与甲、乙、丙类生产装置、油罐和隔油池应保持100m的防火间距。

二、摩擦和撞击

摩擦和撞击往往是可燃气体、蒸气和粉尘、爆炸物品等着火爆炸的根源之一。例如机器轴承的摩擦发热、铁器和机件的撞击、钢铁工具的相互撞击、砂轮的摩擦等都能引起火灾；甚至铁桶容器裂开时，亦能产生火花，引起逸出的可燃气体或蒸气着火。

在有爆炸危险的生产中，机件的运转部分应该用两种材料制作，其中之一是不发生火花的有色金属材料（如铜、铝）。机器的轴承等转动部分，应该有良好的润滑，并经常清除附着的可燃物污垢。敲打工具应由铍铜合金或包铜的钢制作。地面应铺沥青、菱苦土等较软的材料。输送可燃气体或易燃液体的管道应做耐压试验和气密性检查，以防止管道破裂、接口松脱而跑漏物料，引起着火。搬运贮存可燃物体和易燃液体的金属容器时,应当用专门的运输工具,禁止在地面上滚动、拖拉或抛掷,并防止容器的互相撞击,以免产生火花,引起燃烧或容器爆裂造成事故。吊装可燃易爆物料用的起重设备和工具,应经常检查,防止吊绳等断裂下坠发生危险。如果机器设备不能用不发生火花的各种金属制造,应当使其在真空中或惰性气体中操作。

三、电气设备

电气设备或线路出现危险温度、电火花和电弧时,就成为引起可燃气体、蒸气和粉尘着火、爆炸的一个主要着火源。电气设备发生危险温度的原因是由于在运行过程中设备和线路的短路、接触电阻过大、超负荷或通风散热不良等造成的。发生上述情况时,设备的发热量增加,温度急剧上升,出现大大超过允许温度范围(如塑料绝缘线的最高温度不得超过70℃,橡皮绝缘线不得超过60℃等)的危险温度,不仅能使绝缘材料、可燃物质和积落的可燃灰尘燃烧,而且能使金属熔化,酿成电气火灾。

电火花可分为工作火花和事故火花两类,前者是电气设备(如直流电焊机)正常工作时产生的火花,后者是电气设备和线路发生故障或错误作业出现的火花。

电火花一般具有较高的温度,特别是电弧的温度可达5 000~6 000K,不仅能引起可燃物质燃烧,还能使金属熔化飞溅,构成危险的火源。在有着火爆炸危险的场所,或在高空作业的地面上存放可燃易爆物品,是引起电气火灾和爆炸事故的原因之一。

保护电气设备的正常运行,防止出现事故火花和危险温度,对防火防爆有着重要意义。要保证电气设备的正常运行,则需保持电气设备的电压、电流、温升等参数不超过允许值,保持电气设备和线路绝缘能力以及良好的连接等。

电气设备和电线的绝缘,不得受到生产过程中产生的蒸气及气体的腐蚀,因此电线应采用铁管线,电线的绝缘材料要具有防腐蚀的功能。

在运行中,应保持设备及线路各导电部分连接可靠,活动触头的表面要光滑,并要保证足够的触头压力,以保持接触良好。固定接头时,特别是铜、铝接头要接触紧密,保持良好的导电性能。在具有爆炸危险的场所,可拆卸的连接应有防松措施。铝导线间的连接应采用压接、熔焊或钎焊,不得简单地采用缠绕接线。电气设备应保持清洁,因为灰尘堆积和其他脏污既降低电气设备的绝缘,又妨碍通风和冷却,还可能由此引起着火。因此,应定期清扫电气设备,以保持清洁。

具有爆炸危险的厂房内,应根据危险程度的不同,采用防爆型电气设备。按照防爆结构和防爆性能的不同特点,防爆电气设备可分为增安型、隔爆型、充油型、充砂型、通风充气型、本质安全型、无火花型、特殊型等。各类防爆电气设备的标志见表4-16。

表4-16 防爆电气设备类型和标志

类型		标志		
		工厂用		煤矿用
旧	新	旧	新	
防爆安全型	增安型	A	c	KA
隔爆型	隔爆型	B	d	KB
防爆充油型	充油型	C	o	KC
—	充砂型	—	s	—
防爆通风充气型	通风充气型	F	p	KF
安全火花型	本质安全型	H	i	KH
—	无火花型	—	n	—
防爆特殊型	特殊型	T	s	KT

增安型(原称防爆安全型)是指在正常运行时不产生电火花、电弧和危险温度的电气设备,如防爆安全型高压水银荧光灯。

隔爆型是指在电气设备发生爆炸时,其外壳能承受爆炸性混合物在壳内爆炸时产生的,压力,并能阻止爆炸火焰传播到外壳周围,不致引起外部爆炸性混合物爆炸的电气设备,如隔爆型电动机。

充油型(原称防爆充油型)是指将可能产生火花的电气设备、电弧或危险温度的带电部分浸在绝缘油里,从而不会引起油面上爆炸性混合物爆炸的电气设备。

通风充气型(原称防爆通风充气型或正压型)是指向设备内通入新鲜空气或惰性气体,并使其保持正压强,能阻止外部爆炸性混合物进入内部引起爆炸的电气设备。

本质安全型(原称安全火花型)是指在正常或故障情况下产生的电火花,其电流值均小于所在场所爆炸性混合物的最小引爆电流,而不会引起爆炸的电气设备。

特殊型(原称防爆特殊型)是指结构上不属于上述各种类型的防爆电气设备,如浇注环氧树脂及填充石英砂的防爆电气设备。

电气设备按爆炸危险场所等级(见表4-4)的选型,如表4-17所示。从表中可以看出,隔爆型的防爆性能比较好,一级爆炸危险场所应优先应用。增安型的防爆性能比较差,宜用于危险程度较低的场所。根据使用条件的不同,设备可分固定安装、移动式、携带式等几种情况。充油型不能用于移动式或携带式,因为经常移动容易造成设备油面的波动或油的渗漏,使能产生火花或高温的部件露出油面,从而失去防爆性能。

表 4-17　爆炸危险场所电气设备选型

场所等级		Q-1	Q-2	Q-3	G-1	G-2
电机		隔爆型、通风充气型	任意防爆类型	H43 型①	任意一级隔爆型、通风充气型	H44 型②
电器和仪表	固定安装	隔爆型、充油型、通风充气型、安全火花型	H45 型③	H45 型④	任意一级隔爆型、通风充气型、充油型	H45 型
	移动式	隔爆型、通风充气型、本质安全型	隔爆型、通风充气型本质安全型	除充油型外任意一种防爆类型乃至 H57	任意一级隔爆型、通风充气型	
	携带式	隔爆型	隔爆型、木质安全型	隔爆型、增安型、H57 型	任意一级隔爆型	
照明灯具	固定及移动	防爆型、通风充气型	增安型	H45 型	任意一级隔爆型	H45 型
	携带式⑤	隔爆型	隔爆型	隔爆型、增安型乃至 H57 型	任意一级隔爆型	任意一级隔爆型
变压器		隔爆型、通风充气型	增安型、增安充油型	H45 型⑥	任意一级隔爆型、充油型、通风充气型	H45 型
通信电器		隔爆型、充油型、通风充气型、本质安全型	增安型	H57 型	任意一级隔爆型、充油型、通风充气型	H45 型

续表

场所等级	Q－1	Q－2	Q－3	G－1	G－2
配电装置	隔爆型、通风充气型	任意一种防爆类型	H57 型	任意一级隔爆型、通风充气型	H45 型

注：①电动机正常发生火花的部件（如滑环）应在 H44 型的罩子内，事故排风机用电动机应选用任意一种防爆类型。

②电动机正常发生火花的部件（如滑环）应在下列类型之一的罩子内：任意一级隔爆型、通风充气型乃至 H57 型。

③具有正常发生火花的部件或按工作条件发热超过 80℃的电器和仪表，应选用任意一级防爆类型。

④事故排风机用电动机的控制设备（如按钮）应选用任意一种防爆类型。

⑤应有金属网保护。

⑥指干式或充以非燃性液体的变压器。

在爆炸危险场所内选用电气设备时，不但要按爆炸危险场所的危险程度选型，而且所选用的防爆电气设备的防爆性能还要与爆炸性混合物的分级分组情况相适应。爆炸性混合物按传爆间隙大小的危险程度不同，分为四级（见表 3－8），并据此制造适用于各种爆炸性混合物的隔爆型电气设备。各种爆炸性混合物按自燃点的高低分为 a，b，c，d，e 五组（见表 3－12），并据此制造适用于不同自燃点的各种类型的防爆电气设备。爆炸性混合物按传爆间隙大小分级和自燃点高低分组及举例见表 4－18。

表 4－18　爆炸性混合物按传爆间隙和自然温度分级分组及举例

按传爆间隙 δ(mm)[①] 分级的级别	按自燃温度 t(℃)分组的组别				
	a ($t>450$)	b ($300<t\leqslant450$)	c ($200<t\leqslant300$)	d ($135<t\leqslant200$)	e ($100<t\leqslant135$)
1 ($\delta>1.0$)	甲烷、氨	丁醇、醋酸	环己烷	—	—
2 ($0.6<\delta\leqslant1.0$)	乙烷、丙烷、丙酮、苯、苯乙烯、氯苯、氯乙烯、甲醇、甲苯、一氧化碳、醋酸乙酯	丁烷、乙醇、丙烯、醋酸丁酯、醋酸戊酯	戊烷、己烷、庚烷、辛烷、癸烷、硫化氢、汽油	乙醛、乙醚	

续表

按传爆间隙 δ(mm)[1] 分级的级别	按自燃温度 t(℃)分组的组别				
	a ($t>450$)	b ($300<t\leqslant450$)	c ($200<t\leqslant300$)	d ($135<t\leqslant200$)	e ($100<t\leqslant135$)
3 ($0.4<\delta\leqslant0.6$)	城市煤气	环氧乙烷、环氧丙烷、丁二烯	异戊二烯	—	—
4 ($\delta\leqslant0.4$)	水煤气、氢	乙炔	—	—	二硫化碳

注:①该间隙按长度为25mm时的最大不传爆宽度(mm)表示。

有可燃气体或蒸气爆炸危险的场所,防爆电气设备外壳的表面最高温度(极限温度和极限温升)不得超过表4－19的规定。在有粉尘或纤维爆炸性混合物的场所内,电气设备外壳的表面温度不应超过125℃。如必须采用超过该温度的电气设备时,则其温度必须比粉尘或纤维混合物的自燃点低75℃或低于自燃点的2/3,所用防爆型设备外壳的表面温度不得超过200℃。工厂用防爆电气设备的环境温度为40℃,煤矿用的为35℃。

表4－19　爆炸危险场所电气设备的极限温度和极限温升　　单位:℃

爆炸性混合物的组　别	防爆电气设备的外壳表面及可能与爆炸性混合物直接接触的零部件		充油型的油面	
	极限温度	极限温升	极限温度	极限温升
a	360	320	100	60
b	240	200	100	60
c	160	120	100	60
d	110	70	100	60
e	80	40	80	40

注:极限温度指环境温度为40℃时的允许温升。

爆炸性混合物按最小引爆电流分为三级,见表4－20。

表 4－20　爆炸性混合物按最小引爆电流分级及举例

最小引爆电流 i(mA)级别	防爆性 能标志	爆炸性混合物举例
Ⅰ ($i>120$)	HⅠ (KH)	甲烷、乙烷、丙烷、汽油、环已烷、异已烷、甲醇、乙醇、乙醛、丙酮、醋酸、醋酸甲酯、丙烯酸甲酯、苯、一氧化碳、氨
Ⅱ ($70<i\leqslant120$)	HⅡ	乙烯、丁二烯、丙烯、二甲醚、乙醚、二丁基醚、环丙烷
Ⅲ ($i\leqslant70$)	HⅢ	氢、乙炔、二硫化碳、城市煤气、水煤气、焦炉煤气、氧化乙烯

注:①为试验最小引爆电流(mA),是按直流电压 24V、电感 100mH 的感性回路上的试验值。

②KH 表示矿用防爆本质安全型电气设备。

爆炸危险场所所使用的电气线路(包括电缆和导线),应根据危险等级选用相应类型的电缆或导线,见表 4－21。

表 4－21　爆炸危险场所导线或电缆的选型

<table>
<tr><th colspan="2" rowspan="3">线路用途</th><th colspan="5">场所等级</th></tr>
<tr><th>Q－1</th><th>Q－2</th><th>Q－3</th><th>G－1</th><th>G－2</th></tr>
<tr><th colspan="5">导 线 类 型</th></tr>
<tr><td rowspan="2">照明</td><td>固定</td><td>铜芯绝缘导线或铠装电缆</td><td>铜、铝芯绝缘导线或非铠装电缆</td><td>铜、铝芯绝缘导线或非铠装电缆</td><td>铜芯绝缘导线或铠装电缆</td><td>铜、铝芯绝缘导线或非铠装电缆</td></tr>
<tr><td>移动</td><td>中型橡套电缆</td><td>非铠装电缆</td><td>非铠装电缆</td><td>中型橡套电缆</td><td>非铠装电缆</td></tr>
<tr><td rowspan="2">动力</td><td>固定</td><td>铜芯绝缘导线或铠装电缆</td><td>铜芯、多股铝芯绝缘导线或非铠装电缆</td><td>铜芯、铝芯绝缘导线或非铠装电缆</td><td>铜芯绝缘导线或铠装电缆</td><td>铜芯、铝芯绝缘导线或非铠装电缆</td></tr>
<tr><td>移动</td><td>重型橡套电缆</td><td>重型橡套电缆</td><td>中型橡套电缆</td><td>重型橡套电缆</td><td>中型橡套电缆</td></tr>
<tr><td colspan="2">仪器、仪表</td><td>铜芯绝缘导线</td><td>铜芯绝缘导线</td><td>铜芯绝缘导线</td><td>铜芯绝缘导线</td><td>铜芯绝缘导线</td></tr>
</table>

在 G－1、Q－1 级场所内如果有剧烈震动,用电设备的线路均应采用铜芯绝缘导线或电缆。电气线路的额定电压不得低于 500V。电压为 1 000V 以下者,线路的长期允许载流量不应小于电动机额定电流的 125%;1 000V 以上者须按短路电流校验。爆炸危险场所导线(除本质安全型电路外)的最小截面积应符合表 4－22 的要求。

表 4-22　爆炸危险场所导线最小截面　　单位：mm^2

场所级别	线芯最小截面					
	铜			铝		
	电力	控制	照明	电力	控制	照明
Q-1	2.5	2.5	2.5	—	—	—
Q-2	1.5	1.5	1.5	4	—	2.5
Q-3	1.5	1.5	1.5	2.5	—	2.5
G-1	2.5	2.5	2.5	—	—	—
G-2	1.5	1.5	1.5	2.5	—	2.5

铝芯绝缘导线或电缆的连接与封端，应采用压接、熔接或钎焊。引入电机或其他电气设备的电源线接头，应采取防松措施。动力电缆、绝缘导线中间不得有接头。

如果因条件限制，确需在爆炸危险场所采用非防爆型电气设备时，可以将它安装在没有爆炸危险的房间，但传动轴穿墙处必须用填料函严加密封。非防爆型照明灯具和开关可设置在屋外，再通过玻璃把光线射入屋内。对于1级危险场所应用两层玻璃密封，采用机械传动或气压控制操纵安装在屋外的非防爆开关。防雨瓷拉线开关可放入塑料容器内，注入变压器油，使油面具有足够的高度，防止尘土落入，并及时换油。

在火灾危险场所的电气设备，应根据场所等级的不同，按表4-23所列的类型选用。

表 4-23　火灾危险场所电气设备选型

电气设备及其使用条件		场所等级		
		H-1级	H-2级	H-3级
电机	固定安装	防溅式①	封闭式	防滴式②
	移动式和携带式	封闭式	封闭式	封闭式
电器和仪表	固定安装	防水型、防尘型、充油型、保护型③	防尘型	开启型
	移动式和携带式	防水型、防尘型	防尘型	保护型
照明灯具	固定安装	保护型	防尘型⑤	开启型
	移动式和携带式④	防尘型	防尘型	保护型

续表

电气设备及其使用条件	场所等级		
	H-1级	H-2级	H-3级
配电装置	防尘型	防尘型	保护型
接线盒	防尘型	防尘型	保护型

注:①电机正常运行时有火花的部件(如滑环)应装在全封闭的罩子内。

②正常运行时有火花的部件(如滑环)的电机最低应选用防溅式。

③正常运行时有火花的设备,不宜采用保护型。

④照明灯具的玻璃罩应用金属网保护。

⑤可燃纤维火灾危险场所,固定安装时,允许采用普通荧光灯。

正常运转时产生火花和外壳温度较高的电气设备,在火灾危险场所使用时,应远离可燃物质,并加以保护。应采用额定电压500V以上的电缆或绝缘线,铝线截面不得小于2.5mm^2。架空线路严禁跨越火灾危险场所,其间水平距离不应低于杆塔高度的1.5倍。在火灾危险场所的电气线路,一般可采用非铠装电缆,薄壁钢管配线明敷。

四、静电放电

生产和生活中的静电现象是一种常见的带电现象,静电防护的研究得到了普遍的重视,它的危害性已逐步为人们所认识。据有关统计资料表明,由于静电引起火灾和爆炸事故的工艺过程以输送、研磨、搅拌、喷射、卷缠和涂层等居多;就行业来说,以炼油、化工、橡胶、造纸、印刷和粉末加工等居多。这是因为在这些生产工艺过程中,由于气体、高电阻液体和粉尘在管道中的高速流动,或者从高压容器与系统的管口喷出时以及固体物质的大面积摩擦、粉碎、研磨、搅拌等都比较容易产生静电。尤其在天气或环境干燥的情况下,更容易产生静电。生产过程中产生的静电可以由几伏到几万伏,对多数可燃气体(蒸气)与空气的爆炸性混合物来说,它们的点火能量在0.3MJ以下,当静电电压在3 000V以上时,就能点燃。某些易燃液体,如汽油、乙醚等的蒸气与空气混合物,甚至在300V时就能引起燃烧或爆炸。此外,静电还可能造成电击。在某些部门,如纺织、印刷、粉体加工等,还会妨碍生产和影响产品的质量。

静电防护主要是设法消除或控制静电的产生和积累的条件,主要有工艺控制法、泄漏法和中和法等。工艺控制法就是采取合理选用材料、改进设备和系统的结构、限制流体的速度以及净化输送物料、防止混入杂质等措施,控制静电产生和积累的条件，使其不会达到危险程度。泄漏法就是采取增湿、导体接地、采用抗静电添加剂和导电性地面等措施，促使静电电荷从绝缘体上自行消散。中和法是在静电电荷密集的地方设法产生带电离子，使该处静电电荷被中和，从而消除绝缘体上的静电。

为防止静电放电火花引起的燃烧爆炸，可根据生产过程中的具体情况采取相应的防静电措施。例如，将容易积聚电荷的金属设备、管道或容器等安装可靠的接地装置，以导除静电，是防止静电危害的基本措施之一。下列生产设备应有可靠的接地：输送可燃气体和易燃液体的管道以及各种闸门、灌油设备和油槽车（包括灌油桥台、铁轨、油桶、加油用鹤管和漏斗等）；通风管道上的金属网过滤器；生产或加工易燃液体和可燃气体的设备贮罐；输送可燃粉尘的管道和生产粉尘的设备以及其他能够产生静电的生产设备。防静电接地的每处接地电阻不宜超过300Ω。

为消除各部件的电位差，可采用等电位措施。例如，在管道法兰之间加装跨接导线，既可以消除两者之间的电位差，又可以造成良好的电气通路，以防止静电放电火花。

流体在管道中的流速必须加以控制，例如，易燃液体在管道中的流速不宜超过4～5m/s，可燃气体在管道中的流速不宜超过6～8m/s。灌注液体时，应防止产生液体飞溅和剧烈搅拌。向贮罐输送液体的导管，应放在液面之下或将液体沿容器的内壁缓慢流下，以免产生静电。易燃液体灌装结束时，不能立即进行取样等操作，因为在液面上积聚的静电荷不会很快消失，易燃液体蒸气也比较多，因此应经过一段时间，待静电荷减少后，再进行操作，以防静电放电火花引起着火爆炸。

在具有爆炸危险的厂房内，一般不允许采用平皮带传动，采用三角皮带比较安全些。但最好的方法是安设单独的防爆式电动机，即电动机和设备之间用轴直接传动或经过减速器传动。采用皮带传动时，为防止传动皮带在运转中产生静电发生危险，可每隔3～5d在皮带上涂抹一次防静电的涂料。此外，还应防止皮带下垂，皮带与金属接地物的距离不得小于20～30cm，以减小对接地金属物放电的可能性。

增高厂房或设备内空气的湿度，也是防止静电的基本措施之一。当相对湿度在65%～70%以上时，能防止静电的积聚。对于不会因空气湿度而影响产品质量的生产，可用喷水或喷水蒸气的方法增加空气湿度。

生产和工作人员应尽量避免穿尼龙、涤纶或毛等易产生静电的工作服，而且为了导除人身上积聚的静电，最好穿布底鞋或导电橡胶底胶鞋。工作地点宜采用水泥地面。

第七节 灭火剂与灭火器

一、灭火剂

为能迅速地扑灭生产过程中发生的火灾，必须按照现代的防火技术水平、生产工艺过程的特点、着火物质的性质、灭火物质的性质以及取用是否便利等原则来选择灭火剂。目前工业企业常用的灭火物质有水、灭火泡沫、惰性气体、不燃性挥发液，化学干粉、固态物质等。

1. 消防用水

水是最常用的灭火物质，它是取之不尽、用之不竭的天然灭火剂，在灭火中应用最广。它的主要优点是灭火性强，价格低廉，取用方便。水的吸热量比其他物质大，加热 1kg 水，使温度升高 1℃，需要 4 186. 8J 热量。如果灭火时水的初温为 10℃，那么 1L 水达到沸点（100℃）时需 376. 8kJ 的热量，再变成水蒸气则需 2 260. 0kJ 的热量。所以 1L 水总共能吸收 2 636. 8kJ 的热量，这是水的冷却作用。同时，当水与燃烧物质接触时，会形成“蒸气幕”，能够防止空气进入燃烧区，并能稀释燃烧区中氧的含量，使燃烧强度逐渐减弱。当水蒸气在燃烧区的浓度超过 30% 时，即可将火熄灭。当水溶性可燃液体发生火灾时，在允许用水扑救的条件下，水可降低可燃液体浓度及燃烧区内可燃蒸气的浓度。此外，在扑救过程中用高压水流强烈冲击燃烧物和火焰，这种机械冲击作用可冲散燃烧物并使燃烧强度显著减弱。

水用于灭火的缺点是水具有导电性，不宜扑灭带电设备的火灾；不能扑救遇水燃烧物质和非水溶性燃烧液体的火灾。此外，水与高温盐液接触会发生爆炸，比水轻的易燃液体能浮在水面燃烧并蔓延等。这些都是利用水作为灭火剂时应当注意的问题。

2. 泡沫

泡沫是由液体的薄膜包裹气体而成的小气泡群。用水作为泡沫液膜的气体可以是空气或二氧化碳。由空气构成的泡沫叫空气机械泡沫或空气泡沫，由二氧化碳构成的泡沫叫化学泡沫。

泡沫的灭火机理是利用水的冷却作用和泡沫层隔绝空气的窒熄作用。燃烧物表面形成的泡沫覆盖层，可使燃烧物表面与空气隔绝，由于泡沫层封闭了燃烧物表面，可以遮断火焰的热辐射，阻止燃烧物本身和附近可燃物质的蒸发；泡沫析出的液体可对燃烧表面进行冷却，而且泡沫受热蒸发产生的水蒸气能降低氧的浓度。这类灭火剂对可燃性液体的火灾最适用，是油田、炼油厂、石油化工厂、发电厂、油库以及其他企业单位油罐区的重要灭火剂,也用于普通火灾扑救。

灭火用的泡沫必须具有以下特性:

第一,泡沫的密度小于油的密度,微泡要具有凝聚性和附着性;

第二,液膜的强度对热应具有一定的稳定性和流动性;

第三,泡沫对机械或风应具有一定的稳定性和持久性。

化学泡沫是利用硫酸铝和碳酸氢钠的水溶液作用,产生 CO_2 泡沫。其反应式如下:

$$6NaHCO_3 + Al_2(SO_4)_3 \cdot 18H_2O = 6CO_2 + 2Al(OH)_3 + 3Na_2SO_4 + 18H_2O$$

碳酸氢钠和泡沫稳定剂都溶于水中,和硫酸铝的水溶液起反应,并由于化学反应而形成泡沫,所以称之为化学泡沫,对于扑灭汽油、柴油等易燃液体的火灾较为有效。不过,由于化学泡沫灭火设备较为复杂;投资大,维护费用高,近来多采用设备简单、操作方便的空气泡沫。

空气泡沫灭火剂可分为普通蛋白泡沫灭火剂、氟蛋白泡沫灭火剂等类型。

普通蛋白泡沫是在水解蛋白和稳泡剂的水溶液中用发泡机械鼓入空气,并猛烈搅拌使之相互混合而形成充满空气的微小稠密的膜状泡泡群。这种泡沫能有效地扑灭烃类液体火焰。氟蛋白泡沫液是在普通蛋白泡沫中加入1%的 FCS 溶液(由氟表面活性剂、异丙醇、水三者组成,比例为3:3:3)配制而成的,有较高的热稳定性、较好的流动性和防油防水等能力,可用于油罐液下喷射灭火。氟蛋白泡沫弥补了普通蛋白泡沫流动性较差、易被油类污染等缺点。氟蛋白泡沫通过油层时,使油不能在泡沫内扩散而被分隔成小油滴,这些小油滴被未污染的泡沫包裹,浮在液面后,形成一个包含有小油滴的不燃烧但能封闭油品蒸气的泡沫层。在泡沫层内即使含汽油量达25%,也不会燃烧。而普通蛋白泡沫层内含10%的汽油时,即开始燃烧,这说明氟蛋白泡沫有较好的灭火性能。氟蛋白泡沫的另一个特点是能与干粉配合扑灭烃类液体火灾。

对于醇、酮、醚等水溶性有机溶剂,如果使用普通蛋白泡沫灭火剂,则泡沫膜中的水分会被水溶性溶剂吸收而失效。针对水溶性可燃液体对泡沫具有破坏作用的特点,研制出了抗溶性泡沫灭火剂。这种灭火剂是在普通蛋白泡沫中添加有机酸金属络合盐而制成,有机酸络合盐与泡沫中的水接触时,会析出有机酸金属皂,在泡沫壁上形成连续的固体薄膜,该薄膜能有效地防止水溶性有机溶剂吸收水分,从而保护了泡沫,使泡沫能持久地覆盖在溶剂表面上、因而其灭火效果较好。但不宜扑救如乙醛(沸点 20.2℃)等沸点很低的水溶性有机溶剂。

3. 卤代烷灭火剂

卤代烷灭火剂主要通过抑制燃烧的化学反应过程,使燃烧中断,达到灭火的目的。其作用是通过破坏燃烧连锁反应中的活泼性物质来完成的,这一过程称为断链过程和抑制过程,与干粉灭火剂作用相似。而其他灭火剂大都是冷却和稀释等物理过程。

由于卤代烷化合物本身含有氟的成分,因而具有较好的热稳定性和化学惰性,不变质,方便使用。作为灭火剂使用时也是用氮气、二氧化碳或氟利昂-12加压压入容器,使用时由于压力作用,从喷嘴以雾状喷出,在燃烧热的作用下迅速变成蒸气。

卤代烷灭火剂主要扑救各种易燃可燃气体火灾;甲、乙、丙类液体火灾;可燃固体的表面火灾和电器设备火灾,如银行账库、电教室、计算机中心。与二氧化碳相比,其灭火效率高,为二氧化碳灭火率的五倍,二氧化碳易致人窒息,卤代烷毒性小些。但卤代烷生产成本高、价格贵;卤代烷灭火剂对臭氧大气层造成破坏,应尽量少用。卤代烷不能扑救锂、镁、钾、铝、锑、钛、镉等金属的火灾;也不能扑灭在惰性介质中自身供氧燃烧的硝化纤维、火药等的火灾;也不能扑灭金属氢化物如氢化钾、氢化钠火灾及自行分解的化学物质,如过氧化物、联氨等。

但是卤代烷类灭火剂中含有的氯和溴,在大气中受到太阳光辐射后,分解出氯、溴的自由基,这些化学活性基团与臭氧结合夺去臭氧分子中的一个氧原子,引发一个破坏性链式反应,使臭氧层遭到破坏,从而降低臭氧浓度,产生臭氧空洞。我国常用的1211灭火器和1301灭火器已经分别在2005年和2010年停产,目前常用的卤代烷类灭火剂是七氟丙烷类灭火剂。

4. 二氧化碳灭火剂

二氧化碳灭火剂的主要作用是稀释空气中的氧浓度,使其达到燃烧的最低需氧量以下,火即自动熄灭。二氧化碳灭火剂是将二氧化碳以液态的形式加压充装于灭火机中,因液态二氧化碳易挥发成气体,挥发后体积将扩大760倍,当它从灭火机里喷出时,由于气化吸收热量的关系,立即变成干冰。此种霜状干冰喷向着火处,立即气化,而把燃烧处包围起来,起了隔绝和稀释氧的作用。当二氧化碳占空气的浓度为30%~35%时,燃烧就会停止,其灭火效率很高。

由于二氧化碳不导电,所以可用于扑灭电气设备的着火。对于不能用水救火的遇水燃烧物质,使用二氧化碳扑救最为适宜,因为二氧化碳能不留痕迹地把火焰熄灭,在可燃固体粉碎、干燥过程中发生起火以及精密机械设备等着火时,都可用二氧化碳灭火剂扑救。其缺点是冷却作用不好,火焰熄灭后,温度可能仍在燃点以上,有发生复燃的可能,故不适用于空旷地域的灭火。二氧化碳灭火剂不能扑救碱金属和碱土金属的火灾,因二氧化碳与这些金属在高温下会起分解反应,游离出碳粒子,有发生爆炸的危险,如 $2Mg + CO_2 = 2MgO + C$。另外,二氧化碳能够使人窒息。以上这些是应用二氧化碳灭火剂时应注意的问题。

5. 四氯化碳

四氯化碳的灭火机理是能蒸发冷却和稀释氧浓度。四氯化碳为无色透明液体,不助燃、不自燃、不导电、沸点低(76.8℃),其灭火作用主要是利用它的这些性质。当四氯化碳落到火区中时,迅速蒸发,由于其蒸气重(约为空气的5.5倍),能密集在火源四处包围着正在燃烧的物质,起到了隔绝空气的作用。若空气中含有10%容积的四氯化碳蒸气,则燃着的火焰就迅速熄灭。故四氯化碳是一种阻燃能力很强的灭火剂,特别适用于带电设备的灭火。

四氯化碳有一定腐蚀性,用于灭火时其纯度应在99%以上,不能混有水分及二硫化碳等杂质,否则更易侵蚀金属。另外,当四氯化碳受热到250℃以上时,能与水蒸气发生作用生成盐酸和光气;如与赤热的金属(尤其是铁)相遇则生成的光气更多;与电石、乙炔气相遇也会发生化学变化,放出光气。光气是剧毒的气体,空气中最高允许浓度仅为0.0005mg/L;同时四氯化碳本身亦有毒性,空气中最高允许浓度为25mg/L,所以禁止用来扑救电石和钾、钠、铝、镁等的火灾。

6. 干粉灭火剂

干粉是细微的固体微粒,其作用主要是抑制燃烧。常用的干粉有碳酸氢钠、碳酸氢钾、磷酸二氢铵等。

碳酸氢钠干粉的成分是碳酸氢钠占93%,滑石粉占5%,硬脂酸镁占0.5%~2%,后两种成分是加重剂和防潮剂。从干粉灭火机中喷出的灭火粉末,覆盖在固体的燃烧物上,能够构成阻碍燃烧的隔离层,而且此种固体粉末灭火剂遇火时放出水蒸气及二氧化碳。其反应式如下:

$$2NaHCO_3 \longrightarrow Na_2CO_3 + H_2O + CO_2 - Q$$

钠盐在燃烧区吸收大量的热,起到冷却和稀释可燃气体的作用。同时干粉灭火剂与燃烧区的氢化合物起作用,夺取燃烧反应的游离基,起到抑制燃烧的作用,致使火焰熄灭。

干粉灭火剂综合了泡沫、二氧化碳和四氯化碳灭火剂的特点,具有不导电、不腐蚀、扑救火灾速度快等优点,可扑救可燃气体、电气设备、油类、遇水燃烧物质等物品的火灾。其缺点是灭火后留有残渣,因而不宜用于扑灭精密机械设备、精密仪器、旋转电动机等的火灾。此外,由于干粉灭火剂冷却性较差,不能扑灭阴燃火灾,不能迅速降低燃烧物品表面温度,容易发生复燃。

二、灭火器材

我国目前生产的灭火器主要有泡沫灭火器、二氧化碳灭火器、干粉灭火器、清水灭火器等。按灭火器的驱动形式可分为贮气瓶式,即灭火剂是由贮气瓶中的压缩气体或液化气体驱动的灭火器(如清水灭火器);贮压式,即灭火剂是由贮存于同一容器内的压缩气体或灭火剂自身的压力驱动的(干粉灭火剂、二氧化碳灭火器和重211灭火器等);化学反应式,即灭火剂是由化学反应产生的气体压力驱动的(如化学泡沫灭火器等)。按照灭火器适宜扑灭的可燃物质分为四类。用于扑灭A类物质(木材、纸张、布匹、橡胶和塑料等)的火灾,称A类灭火器,如清水灭火器;用于扑灭B类物质(各种石油产品和油脂等)和C类物质(可燃气体)的火灾,称B,C类灭火器,如化学泡沫灭火器、干粉灭火器飞二氧化碳灭火器等;用于扑灭D类物质(钾、钠、钙、镁等轻金属)的火灾,称D类灭火器,如轻金属灭火器;此外还有A,B,C,D类灭火器又称通用灭火器,如磷铵干粉灭火器等。

1. 泡沫灭火器

泡沫灭火器有手提式和推车式泡沫灭火器两类。图4－12为手提式泡沫灭火器,由筒身、筒盖、瓶胆、瓶胆盖、喷嘴和螺母等组成。

使用手提式泡沫灭火器时,应将灭火器竖直向上平衡地提到火场(不可倾倒)后,再颠倒筒身略加晃动,使碳酸氢钠和硫酸铝混合,产生泡沫从喷嘴喷射出去进行灭火。

使用注意事项:

(1)若喷嘴被杂物堵塞,应将筒身平放在地面上,用铁丝疏通喷嘴,不能采取打击筒体等措施。

(2)在使用时筒盖和筒底不朝人身,防止发生意外爆炸时筒盖、筒底飞出伤人。

(3)应设置在明显而易于取用的地方,而且应防止高温和冻结。

(4)使用三年的手提式泡沫灭火器,其筒身应作水压试验,平时应经常检查泡沫灭火器的喷嘴是否畅通,螺帽是否拧紧,每年应检查一次药剂是否符合要求。

2. 二氧化碳灭火器

二氧化碳灭火器有手提式和鸭嘴式灭火器两类。其基本结构是由钢瓶(筒体)、阀门、喷筒(喇叭)和虹吸管四部分组成,如图4－13所示。

钢瓶是用无缝钢管制成,肩部打有钢瓶的重量、CO_2重、钢瓶编号、出厂年月等钢字。阀门用黄铜,手轮由铝合金铸造。阀门上有安全膜,当压力超过允许极限时即自行爆破,起泄压作用。喷筒用耐寒橡胶制成。虹吸管连接在阀门下部,伸入钢瓶底部,管子下部切成30°的斜口,以保证二氧化碳能连续喷完。

筒身内二氧化碳在使用压力(15MPa)下处于液态,打开二氧化碳灭火器后,压力降低,二氧化碳由液体变成气体。由于吸收气化热,喷嘴边的温度迅速下降,当温度下降到 -78.5℃时,二氧化碳将变成雪花状固体(常称干冰)。因此,由二氧化碳灭火器喷出来的二氧化碳,常常是呈雪花状的固体。

鸭嘴式二氧化碳灭火器使用时只要拔出保险销,将鸭嘴压下,即能喷出二氧化碳灭火;手提式二氧化碳灭火器(MT 型)只需将手轮逆时针旋转,即能喷出二氧化碳灭火。

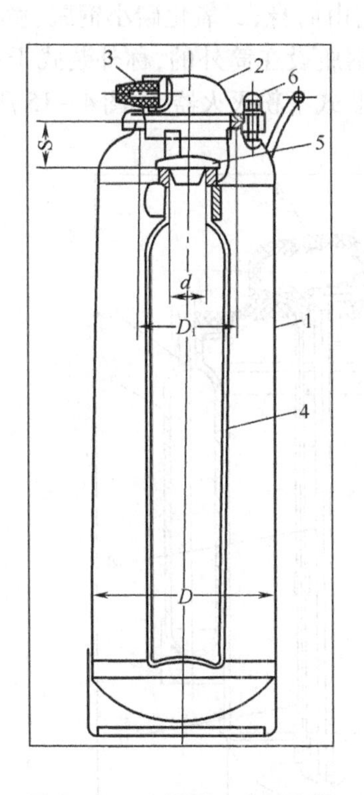

图 4-12　手提式泡沫灭火器

1—筒身;2—筒盖;3—喷嘴;

4—瓶胆;5—瓶胆盖;6—螺母

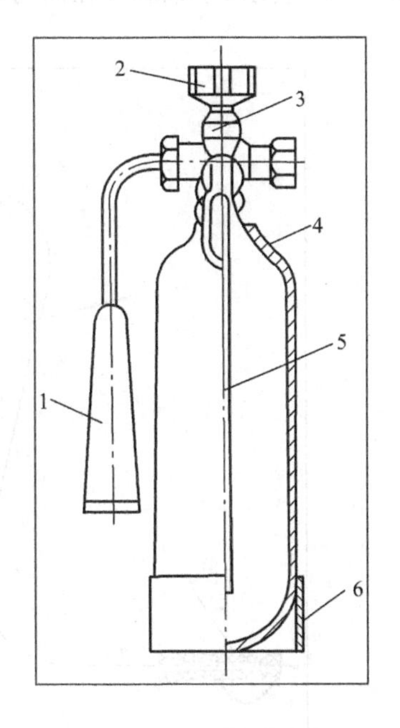

图 4-13　手提式二氧化碳灭火器

1—喷筒;2—手轮;3—阀门;

4—钢瓶;5—虹吸管;6—器座

使用注意事项:

(1)二氧化碳灭火剂对着火物质和设备的冷却作用较差,火焰熄灭后,温度可能仍在燃点以上,有发生复燃的可能,故不适用于空旷地域的灭火。

(2)二氧化碳能使人窒息,因此,在喷射时人要站在上风处,尽量靠近火源,在空气不流畅的场合，如乙炔站或电石破碎间等室内喷射后，消防人员应立即撤出。

(3)二氧化碳灭火器应定期检查，当二氧化碳重量减少 1/10 时，应及时补充装罐。

(4)二氧化碳灭火器应放在明显而易于取用的地方，且应防止气温超过 42℃并防止日晒。

3. 干粉灭火器

干粉灭火器有手提式干粉灭火器、推车式干粉灭火器和背负式干粉灭火器三类。

图 4－14 所示为贮气式手提干粉灭火器，它由筒身、二氧化碳小钢瓶、喷枪等组成，以二氧化碳作为发射干粉的动力气体。小钢瓶设在筒外的，称外装式干粉灭火器，如图 4－14 所示；小钢瓶设在筒内的称为内装式干粉灭火器，如图 4－15 所示。

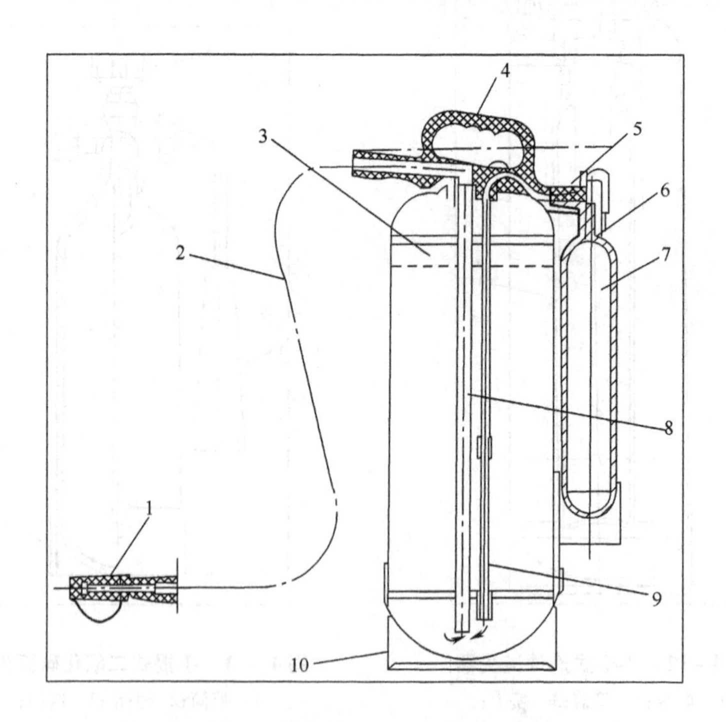

图 4－14　外装式 MF8－2 干粉灭火器

1—喷嘴；2—喷粉胶管；3—筒体；4—提柄；5—钢瓶螺母；
6—拉环；7—贮气罐；8—出粉管；9—进气管；10—底圈

贮压式干粉灭火器省去贮气钢瓶，驱动气体采用氮气，不受低温影响，从而扩大了使用范围。

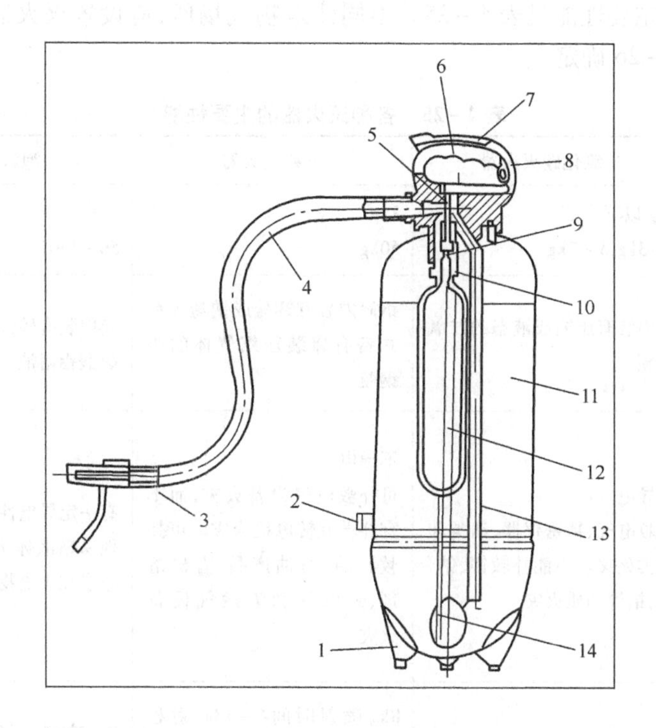

图 4－15　内装式 MF8 型干粉灭火器

1—鼓包;2—卡子;3—喷嘴;4—喷粉胶管;5—导杆;6—器头;7—压把;8—保险销;9—密封芯;10—接头;11 —筒体;12 —贮气罐;13—出粉管;14—进气管

手提式干粉灭火器喷射灭火剂的时间短,有效的喷射时间最短的只有 6s,最长的也只有 15s。因此,为能迅速扑灭火灾,使用时应注意以下几点。

(1)应了解和熟练掌握灭火器的开启方法。使用手提式干粉灭火器时,应先将灭火器颠倒数次,使筒内干粉松动,然后撕去器头上的铝封,拔去保险销,一只手握住胶管,将喷嘴对准火焰的根部,另一只手按下压把或提起拉环,在二氧化碳的压力下喷出干粉灭火。

(2)应使灭火器尽可能在靠近火源的地方开始启动,不能在离起火源很远的地方就开启灭火器。

(3)喷粉要由近而远向前平推,左右横扫,不使火焰蹿向。

(4)手提式干粉灭火器应设在明显而易于取用,且通风良好的地方。每隔半年检查一次干粉质量(是否结块),称一次二氧化碳小钢瓶的重量。若二氧化碳小钢瓶的重量减少 1/10 以上,则应补充二氧化碳。应每隔一年进行水压试验。

灭火器的主要性能见表4－25。不同建筑物或场所，应设置灭火器的类型和数量可参考表4－26确定。

表4－25　各种灭火器的主要性能

灭火器种类	二氧化碳灭火器	干粉灭火器	泡沫灭火器
规格	2kg以下， 2～3kg，5～7kg	8kg 50kg	10L 56～130L
药剂	瓶内装有压缩成液态的二氧化碳	钢筒内装有钾盐或钠盐干粉并备有盛装压缩气体的小钢瓶	筒内装有碳酸氢钠、发沫剂和硫酸铝溶液
用途	不导电 扑救电气、精密仪器、油类和酸类火灾。不能扑救钾、钠、镁、铝等物质火灾	不导电 可扑救电气设备火灾，而不宜扑救旋转电机火灾。可扑救石油、石油产品、有机溶剂、天然气和天然气设备火灾	有一定导电性，扑救油类或其他易燃液体火灾。不能扑救忌水和带电物体火灾
效能	接近着火地点，保持3m远	8kg喷射时间4～18s，射程4.5m。50kg喷射时间50～55s，射程6～8m	10L喷射时间60s，射程8m。65L喷射时间170s，射程13.5m
使用方法	一手拿好喇叭筒对着火源，另一手打开开关即可	提起拉环，干粉即可喷出	倒过来稍加摇滚或打开开关，药剂即喷出
保养和检查方法	1. 保管： ①置于取用方便的地方 ②注意使用期限 ③防止喷嘴堵塞 ④冬季防冻，夏季防晒 2. 检查： ①二氧化碳灭火器，每月测量一次。当低于原重1/10时，应充气 ②四氯化碳灭火器，应检查压力情况，少于规定压力时应充气	置于干燥通风处，防受潮日晒，每年抽查一次干粉是否受潮或结块。小钢瓶内的气体压力，每半年检查一次，如重量减少1/10，应换气	一年检查一次，泡沫发生倍数低于4倍时，应换药

表4-26　灭火器的选择和设置数量

场所	类型选择	设置数量(具/m^2)
油浸电力变压器室、油开关、高压电容器、调压气室、发电机房、电信楼、广播楼	二氧化碳灭火器	1/50
甲、乙类火灾危险性的生产厂房	泡沫灭火器 干粉灭火器	1/50
甲、乙类火灾危险性的库房	泡沫灭火器 干粉灭火器	1/80
丙类火灾危险性的生产厂房	泡沫灭火器 干粉灭火器 清水灭火器 酸碱灭火器	1/80
丙类火灾危险性的库房	泡沫灭火器 酸碱灭火器 清水灭火器	1/100
甲、乙类火灾危险性的露天生产装置区	干粉灭火器 泡沫灭火器	1/100~1/150
丙类火灾危险性的生产装置区	泡沫灭火器 酸碱灭火器 清水灭火器	1/150~1/200
易燃和可燃液体装卸栈台	泡沫灭火器 干粉灭火器	按栈台长度每10~15m设置1个
液化石油气、可燃气体罐区	干粉灭火器	按储罐数量计算,每罐设两个
旅馆、办公楼、教学楼、医院	泡沫灭火器 清水灭火器 酸碱灭火器	1/50~1/100
百货楼、展览楼、图书楼、邮政楼、财贸金融楼	干粉灭火器 泡沫灭火器 清水灭火器	1/50~1/80
科研楼	根据工作性质,参考以上各项规定	根据工作性质,参考上述各项规定

注:①油浸电力变压器室、油开关等也可用干粉灭火器。

②表内灭火器数量系指手提式灭火器(即10L泡沫灭火器、8kg干粉灭火器、5kg二氧化碳灭火器)的数量。

课后习题

1. 火灾发展过程的特点和火灾预防原则。
2. 爆炸发展过程与预防基本原则。
3. 感烟报警器不适用于哪些工作场所?
4. 测爆仪有哪些工作原理,如何理解?
5. 简述安全液封的工作原理和种类。
6. 如何控制着火源?
7. 灭火剂的种类有哪些? 分别适用于哪些种类的火灾?

第五章　主要危险场所的防火与防爆

各种工业生产的特点不同，防火与防爆措施的重点也有所不同，本章概要地讨论工厂企业中一些主要场所的防火与防爆安全措施。

一、油库

工厂企业的油库是防火与防爆的重点部位。一方面，油库的易燃易爆介质存在着火灾爆炸危险性；另一方面，在库房周围往往有较多的火源，如铸造车间的冲天炉、锻工车间加热炉的烟囱，常年喷射火花，还有热处理车间和电气焊等。因此，油库必须采取切实可靠的防火与防爆措施。

1. 油库的火灾爆炸危险性

油库贮存的石油产品如汽油、柴油和煤油等，具有易挥发、易燃烧、易爆炸、易流淌扩散、易受热膨胀、易产生静电以及易产生沸溢或喷溅的火险特性。有的油品，如汽油的闪点很低，为 -39℃，在天寒地冻的严冬季节仍存在发生燃爆危险，即低温火灾爆炸的危险性。

油库火灾主要是由各种明火源、静电放电、摩擦撞击以及雷击等原因引起的。例如，我国东北某厂在春节前进行安全保卫检查，发现汽油库的铁门关闭不严，则让电焊工修理铁门，当时气温是 -20℃，但汽油在此温度下仍具有着火爆炸危险。所以电焊工刚刚引弧，即听到一声巨响，汽油库发生爆炸，把库房炸成平地，紧接着在库房的废墟上爆炸转化为着火，顿时烈火熊熊，请来消防队才把火扑灭，造成三人死亡和严重财产损失。

油库发生着火爆炸的主要原因有：

(1)油桶作业时，使用不防爆的灯具或其他明火照明。

(2)利用钢卷尺量油、铁制工具撞击等碰撞火花。

(3)进出油品方法不当或流速过快，或穿着化纤衣服等，产生静电火花。

(4)室外飞火进入油桶或油蒸气集中的场所。

(5)油桶破裂，或装卸违章。

(6)维修前清理不合格而动火检修，或使用铁器工具撞击产生火花。

(7)灌装过量或日光曝晒。

(8)遭受雷击,或库内易燃物(油棉丝等)、油桶内沉积含硫残留物质的自燃,通风或空调器材不符安全要求出现火花,等等。

2. 油库的分类

(1)根据油品火灾危险性的主要标志——闪点,GB 50016—2014《建筑设计防火规范》将油品按贮存的要求,分甲、乙、丙三类,见表5-1。

(2)根据GBJ 24《石油库设计规范》,石油库按油库容量的大小分成五级,如表5-2所示。

表5-1 油品贮存分类

规范名称	类别	油品闪点	举例
建筑设计防火规范	甲	<28℃	汽油、丙酮、石脑油、苯、甲苯、戊烷等
	乙	28~<60℃	煤油、松节油、溶剂油、丁醚、樟脑油等
	丙	≥60℃	沥青、蜡、润滑油、机油、重油、闪点>60℃的柴油等
石油库设计规范	甲	<28℃	原油、汽油等
	乙	28~<60℃	喷气燃料、灯用煤油、-35号轻柴油等
	丙 A	60~120℃	轻柴油、重柴油、20号重油等
	丙 B	>120℃	润滑油、100号重油等

表5-2 石油库容量分级

等级	总容量(m^3)
一级	>10 000
二级	30 000<~≤10 000
三级	10 000<~≤30 000
四级	1 000<~≤10 000
五级	≤1 000

3. 库址要求

油库发生着火爆炸事故时,可能出现油品流散的液体火焰,对库房四邻造成威胁。油库四邻发生火灾,特别是带有飞火的火灾,对油库可能造成严重后果,因此,应合理选择库址。

(1)油库的库址应选择在交通方便的地方,尽量便于消防车到达。

(2)库址应地势较为平坦,在全厂总平面图上的位置应在地势较低且不被雨水浸入的地方。

(3)油库四邻有明火时,宜选择在常年主导风向的侧风向方位。当设在侧风向有困难时,应根据明火有无飞火的可能来选择。若无飞火,可选择在明火的下风方位;若有飞火可能的明火,应选择在明火的上风向,但应有足够的安全间距。

(4)闪点低于28℃的桶装油品库房的防火间距见表5－3。贮存闪点高于28℃油品的库房间距,按一般工业厂房的间距确定。

表5－3　闪点低于28℃的桶装油品库房的防火间距

名称		防火间距(m)	
		储量≤10t	储量>10t
民用建筑		25	30
其他建筑	一、二级	12	15
	三级	15	20
	四级	20	25

4. 油库防火与防爆措施

(1)仓库应为耐火材料建造的单层建筑,其耐火等级和建筑面积见表5－4。油库内的建构物耐火等级见表5－5。

表5－4　桶装库房的耐火等级和建筑面积

油品闪点(℃)	仓库耐火等级	建筑面积(m^2)	防火隔墙间面积(m^2)
<28	一、二级	750	250
28≤～<60	一、二级	1 000	—
	三级	500	—
≥60	一、二级	2 100	—
	三级	1 200	—

表5－5　油库内建、构筑物的耐火等级

建、构筑物名称	油品类别	耐火等级
油泵房(棚)、阀室(棚)、灌油间、铁路装卸油栈桥和暖库	甲、乙	二级
	丙	三级
桶装油品仓库及敞棚	甲	二级
	乙、丙	三级

续表

建、构筑物名称	油品类别	耐火等级
消防泵房、化验室、计量室、仪表间、变配电间、修洗桶间、润滑油再生间、柴油发电机间、铁路装卸油品栈桥、高架罐支座(架)、空压机间、汽车油槽车间、消防车库	—	二级
油浸式电力变压器室	—	一级
机修间、器材库、水泵房、汽车库	—	三级

(2)库内地面应不渗漏油品和用不发火的材料铺设。应有1%的坡度,坡向库外集油沟或集油井。

(3)库房面积在100m^2 以上,贮存汽油等轻质油品,以及面积超过200m^2 贮存润滑油品的库房,最少要有两个大门,门的宽度不应小于2.01~2.10m,并且库内通行道上任一位置到最近的一个大门的距离不大于30m(轻质油库)或50m(润滑油库)。

(4)库房采用室外布线,库内应采用防爆型灯具和密闭式开关。

(5)库房应有良好的自然通风,通风孔应有防止飞火进入的防护装置。采用机械通风时,通风机壳和叶轮应用不产生火花的有色金属制作。

(6)进入库内不应穿带有金属钉子的鞋,应穿防静电的工作服,严禁穿化纤衣服。库内的操作工具应用铜制或铍铜合金等有色金属制造。工作完毕应切断电源。

(7)为防止油品流散和便于扑救工作,火灾危险性较大的油品堆码层高度应小些。甲类桶装油品堆码高度不应超过两层,乙类及丙类桶装油品不应超过三层,丙B类桶装油品不应超过四层。

桶装油品仓库单位建筑面积贮存容量见表5-6。

表5-6　桶装油品仓库单位面积贮存容量

堆码层数(层)	单位面积桶数(桶/m^2)	单位面积容量(m^3/m^2)
一	1.0	0.2
二	1.8~2.0	0.36~0.4
三	2.5	0.5
四	3.0	0.6

(8)油桶灌装油品的数量,应按季节气候情况确定,一般油桶的灌装系数保持93%~95%。在不同季节,200kg标准油桶的油品灌装量见表5-7。

表5－7　桶装油品灌装量　　单位:kg

油品	夏秋季	春冬季	油品	夏秋季	春冬季
车用汽油	138	140	0号轻柴油	160	160
工业汽油	140	142	10号轻柴油	162	162
120号溶剂汽油	136	138	重柴油	175	175
200号溶剂汽油	140	142	农用柴油	175	175
煤油	158	158	润滑油	170	170

(9)其他有关控制着火源的具体措施详见本书第四章第六节。

二、电石库

根据贮存物品的火灾和爆炸性分类,电石库属甲类物品库房(指存放受到水或空气中水蒸气的作用,能产生爆炸下限<10%的可燃气体的物质),其防火与防爆的安全要求和措施主要有以下几点。

1. 布设原则

(1)电石库房的地势要高且干燥,不得布置在易被水淹的低洼地方。

(2)严禁以地下室或半地下室作为电石库房。

(3)电石库不应布置在人员密集区域和主要交通要道处。

(4)企业设有乙炔站时,电石库宜布置在乙炔站的区域内。

(5)电石库与其他建、构筑物的防火间距,不应小于表5－8的规定。在乙炔站区内电石库,当与制气厂房相邻的较高一面的外墙为防火墙时,其防火间距可适当缩小,但不应小于6m。

表5－8　电石库与建、构筑物的防火间距

名称			防火间距(m)	
			贮量<10t	贮量>10t
明火、散发火花的地点			30	30
居住、公共建筑			25	30
其他建筑物	耐火等级	一、二级	12	15
		三级	15	20
		四级	20	25

续表

名称	防火间距(m)	
	贮量 < 10t	贮量 > 10t
室外变电站、配电站	30	30
其他甲类物品库房	20	20

注:①两座库房(或电石库与厂房)相邻两面外墙为非燃烧体,且无门、窗、洞口和外露的燃烧体屋檐,其防火间距可按本表减少25%。

②距人员密集的居住区和重要的公共建筑不宜小于50m。

③散发火花地点:如有飞火的烟囱和室外的砂轮、电焊、气焊等。

(6)电石库与铁路、道路的防火间距不应小于下列规定:

厂外铁路线(中心线)　　40m

厂内铁路线(中心线)　　30m

厂外道路(路边)　　20m

厂内主要道路(路边)　　10m

厂内次要道路(路边)　　5m

电力牵引机车的厂外铁路线的防火间距可减为20m。至电石库的装卸专用铁路线和道路的防火间距,可不受上列规定的限制。

2. 库房设置安全要求

(1)电石库应是单层的一、二级耐火建筑。库房应设置泄压装置(易掀开的轻质房顶,易于泄压的门、窗和墙等),其泄压面积与库房容积之比一般应达到$0.14m^2/m^3$。如配置有困难时可适当缩小,但不应低于$0.1m^2/m^3$。泄压装置应靠近易爆炸部位,不得面对人员集中的地方和主要交通道路。作为泄压的窗不应采用双层玻璃。

(2)电石库的门窗均应向外开启,库房应有直通室外或通过带防火门的走道通向室外的出入口。出入口应位于事故发生时能迅速疏散的地方。

(3)电石库房严禁铺设给水、排水、蒸汽和凝结等管道。

(4)电石库应设置电石桶的装卸平台。平台应高出室外地面0.4～1.1m,宽度不宜小于2m。库房内电石桶应放置在比地坪高0.02m的垫板上。

(5)装设于库房的照明灯具、开关等电气装置,应采用增安型;或者将灯具和开关装在室外,用反射方法把灯光从玻璃窗射入室内。

(6)库内严禁安装采暖设备。

3. 消防措施

(1)电石库应备有干砂、二氧化碳灭火器或干粉灭火器等灭火器材。

(2)电石库房的总面积不应超过750m²,并应用防火墙隔成数间,每间的面积不应超过250m²。

三、乙炔站

1. 布设原则

(1)同电石库布设原则的(1)~(3)条。

(2)宜靠近使用车间或地点。

(3)应布置在工厂区域内有明火地点或散发火花地点的全年主导风向上风侧。

(4)同一企业有氧气站时,乙炔站应布置在空分设备的吸风口及全年最小频率风向的上风侧。

(5)乙炔站与铁路、道路的间距不得小于下列规定:

厂外铁路(中心线)　34m
厂内铁路(中心线)　24m
厂外铁路(路边)　15m
厂内道路(路边)　10m
厂内次要道路(路边)　5m

(6)乙炔站与建、构筑物的防火间距不应小于表5-9的规定。

表5-9　乙炔站与建、构筑物的防火间距表　单位:m

名称		乙炔站耐火等级	
		一、二级	三级(原有)
其他建筑物耐火等级	一、二级	12	14
	三级	14	16
	四级	16	18
明火或散发火花地点		30	30
居住、公共建筑		25	25
室外变电站、配电站		30	30

注:①防火间距应按相邻厂房外墙的最近距离计算,如外墙有凸出的燃烧体,则应从其凸出部分外缘算起。
②两座厂房相邻较高一面的外墙为防火墙,其防火间距不限。
③两座厂房相邻两面的外墙均为非燃烧体且无门窗洞口和外露的燃烧体屋檐,其防火间距按本表减少25%。
④距人员密集的居住区域或重要的公共建筑不宜小于50m。

(7)乙炔站与架空电力线的防火间距应符合下列规定:

①架空电力线的轴线与外墙上无门窗的乙炔站和渣坑的外边缘的水平距离,不应小于电杆高度的1.5倍;

②架空电力线的轴线与外墙上有门窗的乙炔站的水平距离不应小于电杆高度的1.5倍,并加1m;

③在特殊情况下,对架空电力线采取有效防护措施后,可适当减少距离。

2. 站内设施

(1)乙炔站区具有爆炸危险的生产车间(即发生器间)、贮气罐间、中间电石库、乙炔汇流排间等的厂房建筑、耐火等级、设备泄压面积及电力装置(包括照明灯具)等的安全要求,同电石库库房设施第(1)条。

(2)乙炔站应设围墙或栅栏。围墙或栅栏至站区有爆炸危险的建筑物、渣坑的边缘和室外乙炔设备的净距,不应小于下列规定:

实体围墙(高度不低于2.5m)　　3.5m

空花围墙或栅栏　　5m

(3)乙炔站在以下部位应装设回火防止器:

①用数台乙炔发生器共同供气时,在汇气总管与每台发生器之间,必须装设独立的回火防止器;

②站内乙炔管道在通往厂区管道前,应设置回火防止器。

(4)发生器间的操作平台应铺设不发生火花的材料,室内严禁贮存电石。在给水总管上应装设压力表,在每台发生器的给水管上,应装设止回阀。

(5)乙炔站中间电石库的电石贮存量应符合下列规定:

①总生产能力不超过$20m^3/h$的乙炔站,一般不超过72h的电石消耗量;

②总生产能力超过$20m^3/h$的乙炔站,不应超过24h的电石消耗量;

③电石库位于乙炔站区域内时,中间电石库应减少电石贮存量或不设置中间电石库。

(6)乙炔贮气罐之间的防火间距应符合下列规定:

①水槽式乙炔贮气罐之间的防火间距不应小于相邻较大贮罐的半径;

②干式乙炔贮气罐之间的防火间距不应小于相邻较大贮罐直径的2/3;

③水槽式乙炔贮气罐与干式乙炔贮气罐之间的防火间距应按其中较大者确定。

(7)水槽式乙炔贮气罐(容量小于$500m^3$)与建、构筑物的防火间距不应小于表5-10的规定。

干式乙炔贮气罐与建、构筑物的防火间距应按表5-10的规定增加25%,容量不超过$25m^3$的乙炔贮气罐与乙炔站的间距可不按表5-10的规定,但应考虑贮气罐的安装和检修的方便以及不影响乙炔站的通风和采光的要求。

表 5－10　水槽式乙炔贮气罐的防火间距表

名称			防火间距(m)
明火或散火花的地点，居住、公共建筑，易燃、可燃液体贮罐，易燃材料堆场，甲类物品库房			25
建筑物	耐火等级	一、二级	12
		三级	15
		四级	20
室外变电站、配电站			25

(8)乙炔站设备布置应紧凑合理，设备与设备或与墙之间的净距规定如下：

①发生器间的主要通道净宽不宜小于 2m；

②设备与设备之间的间距不宜小于 1.5m，设备与墙之间的净距不宜小于 1m，但小型设备(如水泵、水封等)的布置间距可适当缩小；

③灌瓶乙炔压缩机排布置时，两排之间的通道净宽不宜小于 2m。

(9)乙炔站的电石渣坑应是敞开的，不应用板覆盖。电石渣应综合利用，严禁排入江、河、湖、海、农田、工厂区和城市排水管沟。澄清水应尽量循环使用。澄清水经综合治理达到现行的《工业“三废”排放试行标准》的要求时，才能排出厂外。电石渣坑严禁做成渗坑。

四、气瓶库

1. 压缩与液化气瓶库

这类气瓶库主要贮存氧气瓶、氢气瓶、氮气瓶、氩气瓶和氦气瓶等压缩气瓶，以及液化石油气瓶、二氧化碳气瓶等液化气瓶。其防火与防爆要求和措施如下。

(1)气瓶库应为单层建筑，其耐火等级不低于二级。

(2)装有压缩或液化气体的气瓶库和相邻的生产厂房、公用和居住建筑以及铁路公路之间的安全间距应当符合表 5－11 的规定。

(3)库内温度不得超过 35℃，可燃易爆气瓶库严禁明火取暖。地板应采用不产生火花的材料(如沥青混凝土)，库房高度，自地板至垛口不得小于 7.5m。

贮存气体的爆炸极限＜10% 时，仓库应设置易掀开的轻质顶盖，或设置必要的泄压面积。

(4)气瓶仓库的最大容量不应超过 3 000 瓶，并用耐火墙分隔成若干小间。每间限贮可燃气体 500 瓶，氧气及不燃气体 1 000 瓶。两个小间的中间可开门洞，每间应有单独的出入口。

表5－11　压缩或液化气体气瓶库的安全间距

仓库容量 （换算为40m³的气瓶数）	距离对象	间距(m) ≥
≤500瓶	装有其他气体的气瓶仓库及生产厂房	20
>500瓶≤1 500瓶	装有其他气体的气瓶仓库及生产厂房	25
>1 500瓶	装有其他气体的气瓶仓库及生产厂房	30
无论仓库的容量多大	住宅	50
无论仓库的容量多大	公共建筑物	100
无论仓库的容量多大	铁路干线	50
无论仓库的容量多大	厂内铁路	10
无论仓库的容量多大	公用公路	15
无论仓库的容量多大	厂内公路	5

（5）相互接触后有可能引起燃烧爆炸的气瓶（如石油气、氢气）及油质一类物品，不得与氧气瓶一起存放。如需在同一建筑物内存放时，应以无门、窗、洞的防火墙隔开。存放易燃气体气瓶的库房，如果室内装有电气设备，应采用增安型。

2. 溶解气瓶库

溶解气瓶库（以乙炔为例）应注意下列安全要求。

（1）乙炔瓶库与建筑物和屋外变、配电站的防火间距不应小于表5－12的规定。乙炔瓶库与铁路、道路的防火间距、库房结构、建筑耐火等级、库内电器装置以及与氧气瓶同库贮存时的安全要求同电石库。

当气瓶与散热器之间的距离小于1m时，应采取隔热措施，设置遮热板以防止气瓶局部受热。遮热板与气瓶之间，遮热板与散热器之间的距离均不得小于100mm。

表5－12　独立的乙炔瓶库与其他建筑物之间的防火间距表（GB 50031—91）

独立的乙炔瓶库 乙炔实瓶贮量 （个）	防火间距(m)			
	各类耐火等级的其他建筑物			民用建筑，屋外变、配电站
	一、二级	三级	四级	
≤1 500	12	15	20	25
>1 500	15	20	25	30

（2）乙炔瓶库可与氧气瓶库布置在同一建筑物内，但仍需以无门、窗、洞的防火

墙隔开。

(3)乙炔瓶库的气瓶总贮量(实瓶或实瓶、空瓶贮量)不应超过3 000个,其中应以防火墙分隔,每个隔间的气瓶贮量不应超过500个。

(4)乙炔瓶库严禁明火采暖。集中采暖时,其热管道和散热器表面温度不得超过30℃,库房的采暖温度应≤10℃。

五、焊割动火

工厂企业的各种燃料容器(桶、箱、柜、罐和塔等)与管道,在工作中因承受内部介质的压力及温度、化学与电化腐蚀的作用,或由于存在结构、材料及焊接工艺的缺陷(如灰渣、碎孔、咬边、错口、熔合不良和焊缝的延迟裂纹等),在使用过程中可能产生裂缝和穿孔,因而在生产过程中的抢修和定期检修时,经常会遇到装盛可燃易爆物质的容器与管道需要动火焊补。这类焊接操作往往是在任务急、时间紧、处于易燃易爆易中毒的情况下进行。尤其是化工、炼油和冶炼等具有高度连续性生产特点的企业,有时还会在高温高压下进行抢修,稍有疏忽就会酿成爆炸、火灾和中毒事故。而且这类事故往往会引起整座厂房或整个燃料供应系统的爆炸着火,后果极其严重。例如,某化工厂的深冷提氢装置因管道漏气需焊补,虽然事先采取了置换的安全措施,但在焊补过程中滞留在保温材料里的氢气陆续逸出,使动火条件发生变化而引起爆炸,造成全市的氢气供应不足。因此对燃料容器焊补操作采取切实可靠的防爆、防火与防毒技术措施,对安全生产有着重要意义。

1. 发生爆炸火灾事故的一般原因

燃料容器与管道的焊补,目前主要有置换动火与带压不置换动火两种方法。其发生爆炸火灾事故的主要原因有以下几种。

(1)焊接动火前对容器内可燃物置换得不彻底,或取样化验及检测数据不准确,或取样检测部位不适当,结果在容器管道内或动火点周围存在着爆炸性混合物。

(2)在焊补操作过程中,动火条件发生了变化。

(3)动火检修的容器未与生产系统隔绝,致使易燃气体或蒸气互相串通,进入动火区域;或是一面动火,一面生产,互不联系,在放料排气时遇到火花。

(4)在尚具有燃烧和爆炸危险的车间仓库等室内进行焊补检修。

(5)烧焊未经安全处理或未开孔洞的密封容器。

2. 置换动火的安全措施

置换动火就是在焊补前实行严格的惰性介质置换,将原有的可燃物排出,使容器内的可燃物含量降低至不能形成爆炸性混合物,保证焊补操作的安全。

置换动火是人们从长期生产实践中总结出来的经验,是比较安全妥善的方法,在检修动火工作中一直被广泛采用。其缺点是容器需暂停使用。以惰性气体或其他惰性介质进行置换,置换过程中要不断取样分析,直至可燃物含量达到安全要求后才能动火。动火以后在投产前还要再置换。这种方法手续多,耗费时间长,影响生产。此外,如果系统设备的弯头死角和枝杈较多,往往不易置换干净而留下隐患。为确保安全,必须采取下列安全技术措施,才能有效地防止爆炸着火事故的发生。

(1)安全隔离。燃料容器与管道停止工作后,通常是采用盲板将与之连接的出入管路截断,使焊补的容器管道与生产的部分完全隔离。为了有效地防止爆炸事故的发生,盲板除必须保证严密不漏气外,还应保证能耐管路的工作压力,避免盲板受压破裂。为此,在盲板与阀门之间应加设放空管或压力表,并派专人看守,否则应将管路拆卸一节。有些短时间的动火检修工作可用水封切断气源,但必须有专人在场看守水封溢流管的溢流情况,防止水封失效。

安全隔离的另一种措施是在厂区和车间内划固定动火区。凡可拆卸并有条件移动到固定动火区焊补的物件,必须移至固定动火区内进行,从而尽可能减少在车间和厂房内的动火工作。固定动火区亦必须符合下列防火与防爆要求:

①无可燃物管道和设备,并且其周围距易燃易爆设备管道10m以上;

②室内的固定动火区与防爆的生产现场要隔离开,不能有门窗、地沟等串通;

③在正常放空或一旦发生事故时,可燃气体或蒸气不能扩散到固定动火区;

④要常备足够数量的灭火工具和设备;

⑤固定动火区内禁止使用各种易燃物质,如易挥发的清洗油、汽油等;

⑥周围要划定界线,并有“动火区”字样的安全标志。

在未采取可靠的安全隔离措施之前,不得动火焊补检修。

(2)严格控制可燃物含量。焊补前,通常采用蒸气蒸煮,接着用置换惰性介质吹净等方。法将容器内部的可燃物质和有毒性物质置换排出。

在置换过程中要不断地取样分析,严格控制容器内的可燃物含量达到合格量,以保证符合安全要求,这是置换动火焊补防爆的关键。在可燃容器外焊补,而操作者不进入容器,其内部的可燃物含量不得超过爆炸下限的1/5;如果确需进入容器内操作,除保证可燃物不得超过上述的含量外,由于置换后的容器内部是缺氧环境,所以还应保证含氧量为18% ~21%,毒物含量应符合GBZ1—2010《工业企业设计卫生标准》的规定。

常用的置换介质有氮气、二氧化碳、水蒸气或水等。置换方法应考虑到与被置换介质之间的密度关系,当置换介质比被置换介质的密度大时,应由容器的最低点送进置换介质,由最高点向室外放散。必须指出,以气体作为置换介质时,其需用量不能以超过被置换介质容积的几倍来估算。因为某些被置换的可燃气体或蒸气具有滞留性质,或者同置换气体密度相差不大时,还应注意到置换的不彻底或两相间的互相混合。有些情况下还要采用加热气体介质来置换,才能把潜在容器内部的易燃易爆混合气排出来。因此,置换作业必须以气体成分的化验分析结果作为合格与否的标准。应该指出,容器内部气体的取样部位应是具有代表性的部位,而且应以动火前取得的气体样品分析值是否合格为准。以水作为置换介质时,将容器灌满即可。

未经置换处理,或虽已置换而分析化验气体成分尚未合格的燃料容器,均不得随意动火焊补。

(3)容器清洗的安全要求。置换作业后,容器的里外都必须仔细清洗,特别应当注意有些可燃易爆物质被吸附在容器内表面的积垢或外表面的保温材料中,由于温差和压力变化的影响,置换后也还会陆续散发出来,导致焊补操作中容器内可燃气浓度发生变化,形成爆炸性混合物而发生爆炸着火事故。

采用火碱清洗时,应先在容器中加入所需数量的清水,然后以定量的碱片分批逐渐加入,同时缓慢搅动,待全部碱片均加入溶解后,方可通入蒸汽煮沸。必须注意通入蒸汽的管道末端应伸至液体的底部,以防通入蒸汽后有碱液泡沫溅出伤人。这项操作不得先将碱片预放在容器内然后加入清水,尤其是暖水和热水,因为碱片溶解时会产生大量的热,而使碱液涌出容器外,往往使操作者受伤。

在无法清洗的特殊情况下,在容器外焊补动火时应尽量多灌装清水,以缩小容器内可能形成爆炸性混合物的空间,容器顶部需留出与大气相通的孔口,以防止容器内压力的上升。并且应当在动火时保证不间断地进行机械通风换气,稀释可燃气体和空气混合物的积聚。

国外有采用惰性气体防护维修法,即将氮的泡沫吹入已置换的容器内,使容器的内侧表面覆盖上厚厚的一层,这样便可在容器未经清洗干净的情况下进行焊接或切割等高温作业,能够保证在设备外部进行操作时的安全,从而大大节约了时间。这种方法已应用于化工设备、贮罐甚至大型船舶的补焊。

(4)空气分析和监视。在置换作业过程中和检修动火开始前0.5h内,必须从容器内外的不同地点取混合气样品进行化验分析,检查合格后才可开始动火焊补。而且在动火过程中,还要用仪表监视。除了可能从保温材料中陆续散发出可燃气体外,有时虽经清水或碱水清洗过,焊补时也会爆炸。这往往是由于焊接的热量把底脚泥或桶底卷缝中的残油赶出来,蒸发成可燃蒸气而爆炸。所以焊补过程中需要继续用仪表监视,发现可燃气浓度上升到危险浓度时,要立即暂停动火,再次清洗直到合格为止。

(5)动火焊补时应打开容器的入孔、手孔、清洗孔和放散管等。严禁焊补未开孔洞的密封容器。进入容器内动火气焊时，点燃和熄灭焊枪的操作均应在设备外部进行，防止过多的乙炔气聚集在设备内。

(6)安全组织措施。

①在检修动火前必须制订计划，计划中应包括进行检修动火作业的程序、安全措施和施工草案。施工前应与生产人员和救护人员联系，并应通知厂内消防队。

②在工作地点周围10m内应停止其他用火工作，并将易燃物品移到安全场所，电焊机的二次回路线及气焊设备的乙炔胶管要远离易燃物，防止操作时因线路发生火灾或乙炔胶管漏气而起火。

③检修动火前除应准备必要的材料、工具外，还必须准备好消防器材。在黑暗处或在夜间工作，应有足够的照明，并准备好带有防护罩的手提低电压(12V)灯等。

3. 带压不置换动火的安全措施

(1)严格控制氧含量。动火前及在整个焊补过程中，都必须稳定控制系统中氧含量低于安全值，一旦超过安全值，应立即停止焊补。

(2)正压操作。动火前和在整个焊补过程中，容器或管道都必须保持连续稳定的正压，这是带压不置换动火安全操作的关键。一旦出现负压，空气进入动火容器或管道，就难免发生爆炸。

(3)动火点周围的可燃气体的质量分数应小于0.5%。

(4)焊工操作应遵守有关安全要求。如焊补前先点燃从裂纹中逸出的可燃气；焊补时焊工不可面对动火点；焊接电流大小要预先调节好；遇动火条件有变化，应立即停止动火，待查明原因、采取对策后，方可继续动火；焊补过程中如发现猛烈喷火，应立即采取消防措施，当火未灭前不得切断可燃气来源，也不得降低系统的压力，焊工应受过专门培养和训练，具有较高的操作技术水平。

(5)严密组织工作。现场应由专人进行严格、认真的统一指挥；控制系统压力和氧含量的化验分析应由专人负责，并与消防、救护部门密切配合。

六、管道

在化工、炼油、冶炼等工厂里，通过管道将许多机器设备互相联通起来。根据管道输送介质的状态、性质、压力和温度等不同，可以分成多种不同管道。这里着重讨论输送可燃介质和助燃介质管道的防爆设施，并且以可燃气体乙炔和助燃气体氧气管道为例，研究管道发生爆炸的原因和应当采取的防爆措施。

1. 管道发生着火爆炸的原因

(1)管道里的锈皮及其他固体微粒随气体高速流动时的摩擦热和碰撞热(尤其在管道拐弯处)，是管道发生着火爆炸的一个因素。

(2)由于漏气,在管道外围形成爆炸性气体滞留的空间,遇明火而发生着火和爆炸。

(3)外部明火导入管道内部。这里包括管道附近明火的导入,以及与管路相连接的焊接工具由于回火而导入管道内。

(4)管道过分靠近热源,管道内气体过热引起着火爆炸。

(5)氧气管道阀门沾有油脂。

(6)带有水分或其他杂质的气体在管道内流动时,超过一定流速就会因摩擦产生静电积聚而放电。此外,由于雷击产生巨大的电磁、热、机械效应和静电作用等,也会使管道及构筑物遭到破坏或引起火灾爆炸事故。

2. 管道防爆与防火措施

(1)限定气体流速。乙炔在管道中的最大流速,不应超过下列规定:

①厂区和车间的乙炔管道,工作压力为0.007MPa以上至0.15MPa时,其最大流速为3m/s;

②乙炔站内的乙炔管道,工作压力为2.5MPa及其以下者,其最大流速为4m/s。

氧气在碳素钢管中的最大流速,不应超过表5-13的规定。

表5-13　碳素钢管中氧气的最大流速

氧气工作压力(MPa)	≤0.1	0.9~1.6	1.6~3.0	≥10.0
氧气流速(m/s)	20	10	8	4

(2)管径的限定及管道连接的安全要求:

①工作压力在0.007MPa以上至0.15MPa的中压乙炔管道,内径不应超过30mm;

②工作压力在0.15~2.5MPa的高压乙炔管道,管内径不应超过20mm;

③乙炔管道的连接应采用焊接,但与设备、阀门和附件的连接处可采用法兰或螺纹连接。

乙炔管道在厂区的布设,应考虑到由于压力和温度的变化而产生局部应力,管道应有伸缩余地。

氧气管道应尽量减少拐弯。拐弯时宜采用弯曲半径较大或内壁光滑的弯头,不应采用折皱或焊接弯头。

(3)防止静电放电的接地措施。乙炔和氧气管道在室内外架空或埋地铺设时,都必须可靠接地。

室外管道埋地铺设时,在管线上每隔200~300m设置一接地极;架空铺设时,每隔100~200m设置一接地极;室内管道不论架空或地沟铺设(不宜采用埋地铺设),

每隔 30 ~ 50m 设置一接地极。但不管管线的长短如何,在管道的起端和终端及管道进入建筑物的入口处,都必须设置接地极。接地装置的接地电阻应不小于 20Ω。

对距地面 5m 以上架空铺设的氧气和乙炔管道,为防止雷击放电产生的静电或电磁感应对管道的作用,要求缩短管道两接地极的距离,一般不超过 50m。

(4)防止外部明火导入管道内部。可采用水封法(如前面已介绍过的水封回火防止器)或采用火焰消除器,以防止火焰导入管道内部和阻止火焰在管道里蔓延。

火焰消除器亦称阻火器,可用粉末冶金片或是用多层细孔铜网(也可用不锈钢网或铝网)重叠起来制成。

(5)防止在管道外围形成爆炸性气体滞留的空间。乙炔管道通过厂房车间时,应保证室内通风良好,并应定期监测乙炔气体浓度,以便及时采取措施排除爆炸性混合气。还应检查管道是否漏气,防止发生着火爆炸事故。

地沟铺设乙炔管道时,在沟里应填满不含杂质的砂子;埋地铺设时,应在管道下部先铺一层厚度约 100mm 的砂子。如沟底有坚硬石块以及考虑到局部有不均匀下沉的可能性时,砂层的厚度还应大些,然后再在管子两侧和上部填以厚度不少于 20mm 的砂子。填充砂子的目的是保证管道周围回填密实,没有大的缝隙。当管道一旦发生不均匀下沉时,由于砂子有一定流动性,也随之下沉,不至于在管道附近形成过大的缝隙,造成爆炸性气体聚集停留有较大的空间。

(6)管道的脱脂。氧气和乙炔管道在安装使用前都应进行脱脂。常用脱脂剂二氯乙烷和酒精为易燃液体,四氯化碳和三氯乙烯虽是不燃液体,但在明火和灼热物体存在条件下,易分解成剧毒气体——光气。故脱脂现场严禁烟火。

(7)气密性和泄漏性试验。氧气和乙炔管道除与一般受压管道同样要求作强度试验外,还应作气密性试验和泄漏量试验。

在强度试验合格并用热风吹干后,才可进行气密性试验。试验压力一般为工作压力的 1.05 倍。对于工作压力小于或等于 0.007MPa 的乙炔管道,其试验压力为工作压力加 0.01MPa,试验介质为空气或惰性气体,用涂肥皂水等方法进行检查。达到试验压力后停压 1h,如压力不下降,则气密性试验合格。

泄漏量试验的压力为工作压力的 1.5 倍,但不得小于 0.1MPa,试验介质为空气或氮气。其泄漏标准为试验 12h 后,泄漏量不超过原气体容积的 0.5% 为合格。泄漏量可按下式计算:

$$V = 100\left[1 - \frac{p_2(273 + t_1)}{p_1(273 + t_2)}\right]\%$$

式中:V——泄漏量,%;

p_1,p_2——试验开始和终结时管道内介质的绝对压力,Pa;

t_1, t_2——试验开始和结束时管道内介质的温度,℃。

(8)埋地乙炔管道不应铺设在下列地点:烟道、通风地沟和直接靠近高于50℃热表面的地方;建筑物、构筑物和露天堆场的下面。

架空乙炔管道靠近热源铺设时,宜采用隔热措施,管壁温度严禁超过70℃。

(9)乙炔管道可与供同一使用目的的氧气管道共同铺设在非燃烧体盖板的不通行地沟内,地沟内必须全部填满砂子,并严禁与其他沟道相通。

(10)乙炔管道严禁穿过生活间、办公室。厂区和车间的乙炔管道,不应穿过不使用乙炔的建筑物和房间。

(11)氧气管道严禁与燃油管道共沟铺设。架空铺设的氧气管道不宜与燃油管道共架铺设,如确需共架铺设时,氧气管道宜布置在燃油管道的上面,且净距不宜小于0.5m。

(12)乙炔管路使用前,应用氮气吹洗全部管道,取样化验合格后方准使用。

七、热处理

热处理工艺通常包括退火、正火、淬火、回火、化学热处理等项目。按照工艺方法的不同,还有很多不同类别,其中,油浴淬火和盐浴淬火的火灾危险性较大,以下着重讨论它们的防火要点。

1. 油浴淬火

油浴是以油类作为介质,其淬火的过程是先将工件加热到相当的温度,再经一定时间的保温,将工件全部浸没在油浴介质内,随即进行快速的冷却,待冷却后再将工件取出。油浴淬火,因一般采用机油、煤油、变压器油等可燃液体作为冷却介质,而金属工件又需加热至灼热状态,所以容易发生着火事故,需特别注意防火。

(1)淬火工段应设在一级或二级耐火建筑内并加强通风,及时排出挥发的油蒸气。

(2)淬火用油料应具有较高的闪点,一般宜采用闪点在180~200℃以上的油料。淬火油槽不要装满,至少应留有1/4高度。

(3)为防止淬火油温升高发生自燃,应采取循环冷却措施,使油槽的油温控制在80℃以下。

(4)淬火过程中严格控制油温,当接近规定的极限温度时,应暂停淬火。不允许油温超过其自燃点。

(5)淬火时,灼热的金属工件必须迅速浸入油液中,不得有部分露出液面以防引燃油蒸气而着火。

(6)谨防水分进入油槽内,否则水沸腾后将使油液外溢起火。

(7)油液使用过久会氧化变质,闪点下降,增加火灾危险性。因此,要定期检验油液质量并及时更新。

(8)淬火工段不得存放其他可燃物质,除待用油液外,其余备用的油类应存放在仓库内。

(9)用于吊运工件的各种起重设备和工具,必须经常维修保养,保证使用时的安全可靠。防止在淬火时发生故障,造成工件由高处坠落入油槽,使油液四处溅出,引起灼烫和火灾;或是造成工件长期停留在油液面上,引起火灾。

(10)淬火工段应配备充足的消防器材。一般油槽灭火以采用二氧化碳为宜。

2. 盐浴淬火

盐浴淬火是以熔融的盐类作为冷却金属工件的介质,通常使用的有硝酸盐、氯化物、碳酸盐及其混合物。熔融温度随盐类或混合盐的组成而异,一般都在250℃以上。

高温的熔融盐类遇有机物时易燃烧起火,如果接触水分还会因体积急剧膨胀(可达5 000倍)而发生爆炸,所以其危险性比油浴淬火大。尤其是硝盐槽因采用氧化剂(硝酸钾或硝酸钠)作介质,因此是盐浴槽中比较危险的一种。有些硝盐槽体积大,用硝盐量多,危险性则更大。硝盐淬火的安全要求主要有以下几点。

(1)预防泄漏。硝盐槽包括内、中、外三个槽子。外槽起保护作用,中槽起防止硝盐漏出的作用,内槽是盛放硝盐进行淬火的工作部分。

泄漏是硝盐槽最大的事故隐患,应保证在加热过程中不漏泄硝盐,因此必须保证内槽的焊接质量,焊后要进行时效处理;应当安装泄漏报警器,硝盐泄漏报警器的两电极分别被置于内、中槽之间的底部,一旦熔融的硝盐漏入中槽,两电极就会接通,电流发出报警信号;应注意定期检验报警器的工作性能是否正常,并及时维修。

(2)盐类加热时,为使盐内所含水分能充分蒸发,升温不宜过快。如果是硝酸盐,应控制加热温度不得超过500℃,以防高温分解发生危险。

在加入盐类之前,应彻底清除槽内的各种杂质,并烤干冷却,否则加热至熔融时有发生爆炸的危险。盐内不得含有煤粉或其他有机杂质,以免熔融时起火。

(3)淬火前应仔细清除工件上的水、油和其他杂质。

(4)盐浴淬火工段应单独设置在与其他厂房车间分隔开的室内,室内不得存放有机易燃物品。在盐浴槽上方或附近,不允许设置可能漏水的给水管道。此外,还应防止雨雪侵入盐浴槽发生爆炸事故。

(5)新装或大修后的盐槽,在第一次通电试用前应采取安全措施。首先是根据盐槽容量准备盛盐铁槽、掏盐工具和干砂,以便在盐槽发生大量泄漏时可以抢救;其次应在盐类未熔化前安装排气管,以便导出蒸发的气体。

八、喷漆

喷漆方法主要有空气喷漆和静电喷漆两种。目前不少工厂还大量采用空气喷漆的方法,即利用喷枪来压缩空气气流,将漆料从喷嘴以雾状喷出,沉积在产品表面。漆料和稀释剂大多是硝基物质,喷成雾状后有50%以上扩散在空间,这不仅危害人身健康,同时能与空气形成爆炸性混合物,遇火源便会发生燃烧爆炸。由于喷漆中的溶剂含量比较高,而且喷漆要求快干,所用物料的沸点低,容易挥发,因此防火防毒是喷漆安全的重点。其安全要求主要有以下几点。

(1)喷漆属于甲类生产,其车间厂房应为一、二级耐火结构,不宜设在二层以上的建筑物上。贮存和调漆应在符合防火要求的专门房间内进行。地面应采用耐火且不易碰出火花的材料。

(2)喷漆厂房与明火操作场所的距离应大于30m。

(3)喷漆车间和喷漆料、溶剂的贮存、调配间的各种电器应符合电气防爆规范要求。如采用无防爆灯具,可在墙外设强光灯通过玻璃照射。工作人员不得携带火柴、打火机等火种进入生产场所。

(4)动火检修时,必须采取防火措施。如事先清除油漆及其沉淀物、增设灭火器材、专人监护等。还必须经消防保卫部门审批同意后,才能动火。

(5)车间应根据生产情况设置足够的通风和排风装置,将可燃气体及时迅速排出。中小型零件喷漆时,最好采用水帘过滤抽风柜。通风机必须采用专门的防爆风机,排风扇叶轮应采用有色金属制作,并经常检查,防止摩擦撞击。所有电气设备应有良好接地。如果车间没有严格的保温要求,最好尽量采用自然通风。

(6)操作时应控制喷速,空气压力应控制在0.2~0.4MPa,喷枪与工件表面的距离宜保持在300~500mm。

(7)车间里的油漆和溶剂贮存量以不超过一日用量为宜。为减少挥发量,容器应加盖。

(8)在特殊情况下,例如,大型机械、机车等机件庞大且又不宜搬动的喷漆操作,若确需在现场进行,而现场的电气设备又不防爆时,应将现场电源全部切断,待喷漆结束、可燃蒸气全部排除后方可通电。

(9)在露天进行喷漆操作时,应避开焊割作业、砂轮、锻造、铸造等明火场所。

(10)喷漆的防火工作还应当从改进工艺和材料着手。如采用静电喷漆,材料利用率可提高到80%~98%以上,扩散的漆雾大大减少。又如采用电泳涂漆,以水作溶剂,消除了溶剂中毒和火灾的危险等。

九、粉尘爆炸危险场所

粉尘爆炸危险场所是指爆炸性粉尘和可燃纤维与空气混合形成爆炸性混合物的场所。一般比较容易发生爆炸事故的粉尘大致有铝粉、锌粉、硅铁粉、镁粉、铁粉、铝材加工研磨粉、各种塑料粉末、有机合成药品的中间体、小麦粉、糖、木屑、染料、胶木灰、奶粉、茶叶粉末、烟草粉末、煤尘、植物纤维尘等。这些物料的粉尘易发生爆炸燃烧的原因是都有较强的还原剂 H、C、N、S 等元素存在，当它们与过氧化物和易爆粉尘共存时，便发生分解，由氧化反应产生大量的气体，或者气体量虽小，但释放出大量的燃烧热。

通常不易引起爆炸的粉尘有土、砂、氧化铁、研磨材料、水泥、石英粉尘以及类似于燃烧后的灰尘等。这类物质的粉尘化学性质比较稳定，所以不易燃烧；但是如果这类粉尘产生在油雾以及 CO、甲烷、煤气之类可燃气体中，也容易发生爆炸。

1. 粉尘爆炸危险场所分级

粉尘爆炸危险场所按其危险程度的大小分为两个区域等级：

(1)10 级区域。在正常情况下，爆炸性粉尘或可燃纤维与空气的混合物，可能连续地、短时间频繁地出现或长时间存在的场所。

(2)11 级区域。在正常情况下，爆炸性粉尘或可燃纤维与空气的混合物不能出现，仅在不正常情况下偶尔短时间出现的场所。

粉尘爆炸除却燃烧三要素外，还需要另外两个要素同时存在：一定浓度粉尘云的产生和相对密闭的空间。粉尘云着火时，顷刻间完成燃烧过程，释放大量热能，形成爆燃，使燃烧气体温度骤然升高，体积剧烈膨胀，形成很高的膨胀压力，一旦空间受限，即发生爆炸。因此去掉粉尘悬浮或密闭空间中的任何一个要素，都可以防止爆炸的发生，但却不能避免粉尘着火。

2. 粉尘防爆的方法

关于粉尘的防爆主要有以下四点：

(1)遏制。在设计、制造粉体处理设备的时候采用增加设备厚度的方法以增大设备的抗压强度，但是这种措施往往以高成本为代价。

(2)泄放。泄放分为正常情况下的压力泄放和无火焰泄放，是利用防爆板、防爆门、无焰泄放系统对所保护的设备在发生爆炸的时候采取的主动爆破，泄放爆炸压力的办法进行泄压，以保护粉体处理设备的安全。防爆板通常用来保护户外的粉体处理设备，如粉尘收集器、旋风收集器等，压力泄放的时候随有火焰以及粉体的泄放，可能对人员和附近设备产生伤害和破坏；防爆门通常用来保护处理粉体的车间建筑，以达到整个车间避免产生粉体爆炸；对于处于室内的粉体处理设备，有时对泄放要求非常严格,不能产生火焰、物料泄放或者没有预留泄放空间的情况下,通常会采用无焰泄放系统,以达到保护人员以及周围设备的安全。

(3)抑制。爆炸抑制系统是在爆燃现象发生的初期(初始爆炸)由传感器及时检测到,通过发射器快速在系统设备中喷射抑爆剂,从而避免危及设备乃至装置的二次爆炸,通常情况下爆炸抑制系统与爆炸隔离系统一起组合使用。抑制就是利用了爆炸需要的三要素以及原理。根据这个原理,爆炸需要完整的三个要素,并在适当的条件下产生爆炸。所以要抑制爆炸的发生,必须取消三要素中的一个要素。一种措施是往粉体处理设备内部注入惰性气体,如 N_2、CO_2 等代替空气,从而降低氧化剂——氧气的含量,以达到抑制爆炸的目的;另一种措施是取消易燃易爆物料,但是这是不可能的,因为设备本身就是用来处理该物料的。以上两种措施都是不可能或者很难做到的,所以我们一般采用最简单的措施,就是取消其中的一个重要因素:火源,从而抑制爆炸的发生。这就要采用爆炸抑制系统,最简单的爆炸抑制系统是由四个单元组成:监视器、传感器、发射器和电源。

(4)隔离。隔离分为机械隔离和化学隔离。隔离就是把有爆炸危险的设备与相连的设备隔离开,从而避免爆炸的传播,产生二次爆炸。一般在设备的物料入口安装化学隔离,在设备的物料出口安装机械隔离阀。化学隔离和抑爆系统中的发射筒相同,只是一般为45°安装;机械隔离阀类似于常见的闸阀。

在生产应用中,并不是每一种防护措施单独使用,往往采用多种防护措施进行组合运用,以达到更可靠更经济的防护目的。

课后习题

1. 分析油库的防火防爆措施。
2. 分析电石库的防火防爆措施。
3. 分析乙炔站的防火防爆措施。
4. 分析管道的防火防爆措施。
5. 焊割动火的注意事项及安全保护措施。
6. 不同热处理工艺的防火要点。
7. 喷漆作业的防火防爆措施。
8. 分析粉尘防爆的要点。

附录一

与火灾和爆炸有关的理化基础知识

1. 元素

元素又称化学元素，是具有相同质子数的一类原子的总称。如氧原子总称为氧元素，碳原子总称为碳元素。金属元素和非金属元素是相对的，一些非金属元素也具有类金属（或半金属）的性质，如硅、碲、硒等。在自然界里，元素以游离态和化合态两种形态存在，但大部分元素以化合态存在。

2. 化学变化

化学变化是指变化后生成与原来物质不同物质的变化。应当指出，化学变化是指在原子核组成不变的情况下生成新物质的变化，又称化学反应或化学作用，有时亦简称"反应"或"作用"。这是由于核外电子运动状态的改变而引起的物质组成的质变，如炭燃烧、铁生锈、石灰石受热分解等。但不能认为一切生成新物质的变化都是化学变化，例如，放射性变化、人工核反应等，由于原子核组成的改变，也生成了新物质，这些不属于化学变化的范畴。

3. 化学方程式

化学方程式又称化学反应式。是用化学式表示化学反应的式子，书写化学方程式必须遵循质量守恒定律。因此，要在化学式前面配上适当的系数，使等号左右（即反应物与生成物）各种原子的总数都相等，这个过程称配平。配平的方法有最小公倍法、奇数偶配法、观察法、氧化数法和离子电子法等。化学方程式不仅表示出了参加反应的反应物和生成物的种类，而且表示出了反应物和生成物之间的质量关系及各物质间的原子、分子个数比，对于气体物质，还能表示出它们的相互体积关系。例如：

$$N_2 + 3H_2 = 2NH_3$$

摩尔数比　　1:3:2

分子量比　　$28.02:3\times2.016:2\times17.034$

体积比　　1:3:2

在工农业和科学实验中，根据化学方程式可进行各种计算。

4. 分解反应

分解反应是化学反应的基本类型之一,指一种物质经反应生成两种或两种以上其他物质,这种化学变化称分解反应。一般表示为:

$$AB \longrightarrow A + B$$

其中A、B可以是单质,也可以是化合物(有单质生成的反应是氧化还原反应)。例如:

$$2HgO = 2Hg + O_2\uparrow$$

$$2KMnO_4 = K_2MnO_4 + MnO_2 + O_2\uparrow$$

$$NH_4HCO_3 = NH_3\uparrow + CO_2\uparrow + H_2O$$

在分解反应中,比较不稳定的物质容易生成比较稳定的物质。

5. 化合反应

化合反应是化学反应的基本类型之一,指两种或两种以上的物质相互作用生成另一种物质的化学变化。一般表示为:

$$A + B \longrightarrow AB$$

式中A、B可以是单质,也可以是化合物。例如:

$$2Mg + O_2 \xlongequal{点燃} 2MgO$$

$$Cl_2 + PCl_3 \longrightarrow PCl_5$$

$$Na_2O + H_2O \longrightarrow 2NaOH$$

6. 加成反应

有机化合物分子中的双键或叁键发生断裂,加进其他原子或原子团的反应称加成反应。例如:

$$CH_2{=}CH_2 + H_2 \xrightarrow{催化剂} CH_3{-}CH_3$$

$$CH_3{-}CH{=}CH_2 + HX \longrightarrow CH_3{-}\underset{\displaystyle X}{\underset{|}{CH}}{-}CH_3$$

$$CH_3{-}\overset{\displaystyle C}{\overset{\|}{C}}{-}H + HCN \longrightarrow CH{-}\overset{\displaystyle OH}{\overset{|}{\underset{\displaystyle H}{\underset{|}{C}}}}{-}CN$$

$$CH{=}CH + 2Cl_2 \longrightarrow CHCl_2{-}CHCl_2$$

7. 置换反应

化学反应的基本类型之一,指一种单质和一种化合物生成另一种单质和另一种化合物的反应。一般表示为：

$$A + BC \longrightarrow AC + B$$

例如：

$$Zn + H_2SO_4(稀) \longrightarrow ZnSO_4 + H_2 \uparrow$$

$$Fe + CuSO_4 \longrightarrow FeSO_4 + Cu$$

$$Cl_2 + 2KBr \longrightarrow 2KCl + Br_2$$

此类反应都有电子得失，所以全部都是氧化还原反应。在置换反应中，按活泼性顺序，较活泼的金属能与酸或盐反应，置换出较不活泼的金属和氢气；较活泼的非金属能与盐反应置换出较不活泼的非金属。

8. 中和与水解

酸和碱生成盐和水的反应称中和反应。例如，盐酸和氢氧化钠的反应：

$$HCl + NaOH \longrightarrow NaCl + H_2O$$

酸和碱进行反应时，其中氢离子（H^+）和氢氧根离子（OH^-）结合变成水。因而酸跟碱作用生成盐和水，中和反应的实质是 H^+ 离子和 OH^- 离子结合生成 H_2O 的反应：

$$H^+ + OH^- \longrightarrow H_2O$$

反之，盐和水反应生成酸和碱，这种反应叫盐的水解。盐类水解时，酸性比碱性强的溶液就显酸性，如果酸性比碱性弱，其溶液就显碱性。

9. 聚合反应

聚合反应指在催化剂或过氧化物存在下，烯烃或炔烃及其衍生物通过加成的方式相互结合，生成高分子化合物，称为聚合反应。例如，乙炔发生器的温度达 200 ~ 300℃时，乙炔分子的聚合反应：

$$3C_2H_2 \xrightarrow{200\sim300℃} C_6H_6$$

10. 可逆反应

可逆反应指在同一条件下，反应既能向生成物方向进行，又能向反应物方向进行，即同时显著地向两个相反方向进行的反应。例如：

$$I_2 + H_2O \rightleftharpoons HI + HIO$$

可逆反应中，向生成物方向进行的反应称正反应；向反应物方向进行的反应称逆反应。一般化学反应都具有可逆性，只是可逆的程度不同。那些逆反应显著的，则整个反应不能向正反应进行到底。

11. 有机化学

有机化学是化学中的一个分支，它研究的范围是碳氢化合物及其衍生物的来源、制备、结构、性质、用途及其有关的理论，是碳氢化合物的化学。

在人类已经发现的化合物中，有400多万种是有机化合物，比无机化合物多30多倍。随着有机化合物的发展，目前不仅能合理地利用煤炭、石油、木材、油脂、粮食等有机物的天然资源，而且能用人工合成的方法制取社会所需用的合成橡胶、树脂、纤维、农药、生物碱、维生素、抗生素、蛋白质等，从而使有机化学与人类生产和生活联系得更为密切。

12. 有机化合物

有机化合物简称有机物。它们都含有碳元素，所以也称碳的化合物（但一氧化碳、二氧化碳、碳酸、碳酸盐等简单含碳化合物除外）。根据分子结构，有机化合物可分为开链化合物、碳环化合物和杂环化合物。以烃类为母体，根据所含的官能团又可分为烷、烯、炔、卤代烃、醇、酚、醚、醛、酮、羟酸、羧酸衍生物、硝基化合物及胺类等。

有机化合物与无机化合物相比，它有以下特点：有机化合物的分子组成一般比较复杂，容易燃烧；能溶于水；熔点低；化学反应速度慢；化学反应复杂；常有副反应发生。以上列举的一般特性，不是绝对的，有时也有例外。

有机化合物的主要来源为煤、石油、天然气及动植物等，此外，还可用人工方法合成。

13. 烃

由碳和氢两种元素组成的化合物称为烃，也叫碳氢化合物（烃字是取“碳”字中的“火”和“氢”字中的“圣”合并而成的）。当烃分子中的氢原子被其他原子或原子团取代后，可得到一系列的衍生物。因此，常把烃看作是有机化合物的母体。按烃分子中碳原子连接方式的不同，可以分为链烃与环烃两大类。因脂肪是链烃的衍生物，故链烃也叫脂肪烃或脂链烃。因环烃分子中的碳原子连成闭合的碳环，故环烃也叫闭链烃。

14. 烷烃

烷烃也称饱和链烃，是含氢最多的烷烃。在它们的分子中碳原子以单键相互联结，碳原子的其余化合价全部为氢原子所饱和，这种化合物称为饱和烃。烷烃包括一系列的化合物，最简单的是甲烷。下面列举的烷烃按碳原子数依次排列：

甲烷：CH_4　　　　己烷：C_6H_{14}

乙烷：C_2H_6　　　　庚烷：C_7H_{16}

丙烷：C_3H_8　　　　辛烷：C_8H_{18}

丁烷：C_4H_{10}　　　　壬烷：C_9H_{20}

戊烷：C_5H_{12}　　　　癸烷：$C_{10}H_{22}$

烷烃类的通式是 C_nH_{2n+2}。烷烃失掉一个氢原子所剩下的原子团叫作基，这种基称为烷基。烷基的通式为 C_nH_{2n+1}，依次是：

甲基:CH_3—

乙基:C_2H_5—

丙基:C_3H_7—

丁基:C_4H_9—

戊基:C_5H_{11}—

烷基是一价,一般以 R 表示。

在烷烃的通式 C_nH_{2n+2} 当中,n 在 4 以下的烷烃在常温下是气体,n 在 15 以上的烷烃在常温下是固体,那些 n 介于 4 ~ 15 之间的烷烃是液体。烷烃几乎不溶于水,化学性质较不活泼,但在一定条件下能起取代反应、裂解反应和氧化反应等。烷烃的主要工业来源是石油和天然气。

15. 烯烃

烯烃是一类碳原子间含有双键($C=C$)的碳氢化合物,如乙烯 $H_2C=CH_2$。由于它比烷烃少两个氢原子,故称烯烃为不饱和烃,与饱和的烷烃不同,易结合其他原子。其通式为 C_nH_{2n}。所有的烯烃都不溶于水,燃烧时火焰明亮,易起氧化反应、加成反应、聚合反应等。用作化工原料,可制取乙醇、聚乙烯塑料等。

16. 炔烃

炔烃是一类分子中含有碳叁键的不饱和碳氢化合物,如乙炔 $HC\equiv CH$。其碳氢比例比烯烃的小,通式为 C_nH_{2n-2}。炔烃分子不易溶于水,而易溶于石油醚、乙醚、苯和四氯化碳中。炔烃易起氧化、加成和聚合反应。

17. 芳香烃

芳香烃分子里含有一个或多个苯环的化合物,简称为芳烃。可根据芳烃结构不同分为三类:

(1)单环芳烃:苯、甲苯、二甲苯;

(2)稠环芳烃:萘、蒽、菲;

(3)多环芳烃:联苯、三苯甲烷。

芳香烃主要来源于石油和煤焦油。不溶于水,但溶于有机溶剂中,如乙醚、四氯化碳、石油醚等溶剂。

18. 烃的衍生物

烃分子里的氢原子被其他原子或原子团所取代,生成一系列的新的有机化合物。这些有机化合物从结构上说,都可以看作是由烃衍变而来的,所以叫烃的衍生物。例如,醇、醛、羧酸、酮、胺、酯、醚、卤代烃等类衍生物,各种各样复杂的化合物还有很多,主要的官能团的形式如下:

醇类　R—OH(羟基)

醛类　R—CHO（醛基）

羟酸类　R—COOH（羧基）

酮类　R
　　　　＼
　　　　　CO（羰基）
　　　　／
　　　R′

胺类　R—NH_2（氨基）

酯类　R—COO—R′

醚类　R—O—R′

卤代烃　R—X

硝基化合物　R—NO_2

19. 醇类

醇类是羟基（—OH 基）置换烃类氢原子形成的一类化合物，根据羟基的数目分别叫一元醇、二元醇、三元醇等。乙二醇是二元醇，丙三醇（甘油）是三元醇。碳原子数在 5 个以内的一元醇能溶于水中；碳原子数在 5 个以上就成为黏稠状液体；碳原子数达到 11 个以上时，就成为固态物质。醇类的通式为 ROH。关于醇类的命名，根据国际命名法规定，在相同数目碳原子烃的词尾加一个“OH”。

20. 醚类

醚类是由醇类缩合失去水后生成的化合物。也就是说，醇分子上羟基中的氢原子被另一个醇失去羟基后的烷基置换而生成的缩合物。

一般表达式为：R—O—R′。

21. 醛类和酮类

醇类和醚类，都是烃类氧化物的产物，假如把这种物质再进行一次氧化就会得到醛和酮。醛的一般表达式为 R—CHO，醛类均有醛基（—CHO 基）。

22. 羧酸类

羧酸类 R—COOH 均有羧基（—COOH 基）。羧酸可认为是碳酸 H_2CO_3 $\left(O{=}C\begin{matrix}\diagup OH\\ \diagdown OH\end{matrix}\right)$中的一个羟基被烃基置换的产物，羧酸显弱酸性，把链状的羧酸都叫脂肪酸。羧酸也可称为有机酸，是一种比醛或酮氧化度更高的烃类衍生物。有甲酸（HCOOH）、乙酸（CH_3COOH）等。

23. 酯类

酸和碱中和，生成盐和水。羧酸和醇反应能生成酯和水。

$$R—COO + R'—OH \longrightarrow R—COO—R' + H_2O$$

一般表达式为:R—COO—R′。

例如,乙酸(CH_3COOH)与乙醇(C_2H_5OH)反应所生成的酯,叫作乙酸乙酯。乙酸能和各种醇起酯化反应生成酯,这类酯叫作乙酸酯类。

24. 卤代烃

卤代烃是烃的氢原子被卤素——氟(F)、氯(Cl)、溴(Br)、碘(I)置换后的产物。卤代烃种类很多,作为灭火剂的四氯化碳(CCl_4)、一氯一溴甲烷(CH_2BrCl)等均属于卤代烃类之列。还有用来作为制冷剂,被称为氟利昂的气体,也属于卤代烃之列。

25. 同分异构现象

同分异构现象指化合物具有相同的分子式但结构不同的现象。具有同分异构现象的化合物互为同分异构体,如正丁烷和异丁烷:

```
    H   H   H   H                H   H   H
    |   |   |   |                |   |   |
H—C—C—C—C—H              H—C—C—C—H
    |   |   |   |                |   |   |
    H   H   H   H                H   |   H
                                     |
                                 H—C—H
                                     |
                                     H
```

	正丁烷	异丁烷
熔点(℃)	-138.35	-138.3
沸点(℃)	-0.50	-0.50
液态时密度(g/cm^3)	0.5788	0.549

在烷烃同系物的分子里,随着碳原子数目的增加,碳原子之间的结合方式也越来越复杂,同分异构体的数目也就越多。例如,己烷(C_6H_{14})有五种同分异构体,庚烷(C_7H_{16})有九种,而癸烷($C_{10}H_{22}$)有 75 种之多。

26. 活化分子

能发生有效碰撞的分子,化学反应的发生就是由于活化分子的有效碰撞引起的。

27. 活化能

通常把活化分子具有的最低能量与分子的平均能量之差,称作反应的活化能。按照有效碰撞理论,在一定温度下,反应的活化能愈大,活化分子所占的百分数愈小,单位时间里有效碰撞次数也愈少,反应速度就愈慢。反之,反应的活化能愈小,反应速度就愈快。量子化学应用于反应速度的研究后,出现了过渡状态理论,也称活化络合物理论。这一理论认为,在反应物变为生成物的过程中,要经过一个中间过渡状态即生成活化络合体的状态。只有当反应物分子在碰撞中取得了足够的能量，才能生成活化络合体。活化络合体一经生成，就会很快向生成物转化，并放出能量，由稳定的反应物分子过渡到活化络合体的过程叫作活化过程。从上述观点出发，活化过程中所吸收的能量就是活化能。这就是说，活化能是基态反应物的平均能量与活化络合体间的能量差，这是过渡状态理论关于活化能的概念。

28. 游离基

游离基即自由基。例如，有机化合物在共价键断裂时，成键的一对电子平均分给两个原子或原子团：

$$A:B = A^{\cdot} + B^{\cdot}$$

这种由于均裂生成的带单电子的原子或原子团，称为游离基（或自由基）。由于均裂生成游离基的反应称为游离基反应（或自由基反应）。游离基的活性大，一般不易稳定存在，容易与其他物质形成新的游离基或相互结合成稳定的分子。如：

$$H + Cl:Cl \longrightarrow CHl + Cl^{\cdot}$$

氢的游离基相互结合：

$$H^{\cdot} + H^{\cdot} = H_2$$

29. 无机化学

无机化学是对碳氢化合物以外的全部元素及其化合物进行化学反应和性质研究的一门科学。通常也包括对碳化物、碳的氧化物、金属碳酸盐、碳－硫化合物和碳－氮化合物的研究。

30. 氧化与还原

氧化和还原从物质化合时的化学反应来看是同时进行的，当一些物质被氧化的同时，就会有另外一些物质被还原。例如，硫和氧的反应：

$$S + O_2 \xlongequal{\text{点燃}} SO_2$$

在反应方程式中，氧气被还原。早期的概念狭义地把氧与其他物质化合的反应称为氧化。但实际上氧化一词不仅限于和氧的结合，广义地讲，凡物质的元素失去电子的化学反应就是氧化反应；反之，在反应中得到电子的过程称为还原，或称还原反应。例如，锌和氯化铜的反应：

$$Zn + CuCl_2 = ZnCl_2 + Cu$$

锌失去 2 个电子，锌被氧化；氯化铜中的 Cu^{+2} 离子得到 2 个电子，氯化铜被还原。这就是说氧化反应和还原反应是同时进行的。

31. 氧化剂

在氧化还原反应中，得电子的物质称为氧化剂，如上面反应式中的氯化铜（$CuCl_2$）、氧气（O_2）和氧化铜（CuO）等。氧化剂具有氧化性，它本身被还原。常见的

氧化剂有 O_2、Cl_2、HNO_3、H_2SO_4、$KClO_3$、$KMnO_4$、$K_2Cr_2O_7$ 等。某种元素若存在多种氧化态的物质，氧化态较高的一般是氧化剂。如铁的氧化态有+3、+2，$FeCl_3$ 常用作氧化剂。

32. 还原剂

在氧化还原反应中，失去电子的物质称还原剂。还原剂具有还原性，它本身被氧化。常见的还原剂有 Na、Mg、Al 等金属单质和 H_2、CO、C、H_2S 等。某种元素若存在多种氧化态的物质，氧化态较低的常用作还原剂，例如，锡的氧化态有+4、+2，$SnCl_2$ 常用作还原剂。

33. 化学性质

物质在化学反应中表现出来的性质称该物质的化学性质。如物质的酸性、碱性、氧化性、还原性、化学稳定性等。

物质的化学性质主要决定于物质的组成和结构。例如，钠(Na)、镁(Mg)、铝(Al)的还原性依次减弱，是由于它们的最外层电子数依次增多，而它们的原子半径依次减小，核电荷数依次升高，造成了它们在化学反应中失去电子的能力依次减弱。又如，浓硝酸与稀硝酸，由于溶液的定量组成有所不同，因而其氧化性也有所不同。铜与浓硝酸反应的主要产物是二氧化氮(NO_2)，与稀硝酸反应的主要产物则是一氧化氮(NO)。再如，稀硫酸为非氧化性酸，不与铜(Cu)作用，而热浓硫酸则表现出强氧化性，可与铜作用。

34. 氧化物

元素和氧化合而成的化合物称氧化物。有酸性氧化物、碱性氧化物、两性氧化物和惰性氧化物等。除了氧以单个原子参加结合而形成的离子型或共价型氧化物外，还有过氧化物、超氧化物、臭氧化物、有机氧化物等。同一元素可以有价态不同的氧化物，如二氧化硫(SO_2)和铬酸(SO_3)，氧化亚铜(Cu_2O)和氧化铜(CuO)。

35. 酸性氧化物

能与碱反应而成盐的氧化物，称酸性氧化物，如二氧化碳(CO_2)、三氧化硫(SO_3)、铬酸(CrO_3)等。一般非金属氧化物及某些过渡元素的高价氧化物都属于此类。

36. 碱性氧化物

能与酸反应而成盐的氧化物，称碱性氧化物，如氧化钠(Na_2O)、氧化钙(CaO)、氧化钡(BaO)等金属氧化物，都属于碱性氧化物。

37. 过氧化物

由金属阳离子等和过氧离子 O_2^{-2} 组成的氧化物称过氧化物，如过氧化钠

(Na_2O_2)、过氧化钡(BaO_2)、过氧化氢(H_2O_2)等。过氧化物具有强氧化性。

38. 超氧化物

由金属阳离子和超氧离子 O_2^- 组成的氧化物,如超氧化钾(KO_2)。超氧化物具有强氧化性。

39. 臭氧化物

由金属阳离子与臭氧离子 O_3^- 组成的氧化物称臭氧化物,如臭氧化钠(NaO_3)、臭氧化钾(KO_3)等。臭氧化物具有强氧化性。

40. 惰性氧化物

惰性氧化物又称中性氧化物,既不与酸作用,也不与碱作用的氧化物,如一氧化碳(CO)、一氧化氮(NO)等,也称作不成盐氧化物。两性氧化物,既能与酸反应成盐,也能与碱反应成盐的氧化物,如氧化铝(Al_2O_3)、氧化锌(ZnO)等。

41. 电解质

纯净的水,几乎不导电,若有酸、碱、盐等物质溶解于其中,就能导电。这种导电现象不同于物理变化的金属导电(金属导电是金属中自由电子定向移动的结果,导电过程并不发生化学变化),而伴随有物质的移动,引起这种导电的物质,叫作电解质。

42. 电离学说

又称阿累尼乌斯理论。其基本观点为:电解质在水溶液中部分地离解为自由移动的离子,即发生分离。溶液越稀电离度越大。电离过程是可逆的,分子电离成离子,离子又相立碰撞结合成分子,最后达到电离平衡。

43. 酸

电离理论认为在电离时所生成的阳离子全部是氢离子(H^+)的化合物称为酸。氢离子是酸的特征,如盐酸(H_2SO_4)、醋酸(CH_3COOH)等。

44. 碱

电离理论认为在电离时所产生的阴离子全部是氢氧离子(OH^-)的化合物称为碱。氢氧离子是碱的特征,如氢氧化钠(NaOH)、氢氧化钙[$Ca(OH)_2$]等。

45. 碱金属

碱金属是元素周期表第ⅠA族元素。包括锂、钠、钾、铷、铯和钫,它们的氢氧化物易溶于水,呈强碱性。碱金属原子的内电子层稳定,化学性质活泼,属于强还原剂,最外层只有一个电子,易失去而成+1价。

46. 碱土金属

碱土金属是元素周期表第ⅡA族元素。包括铍、镁、钙、锶、钡、镭六种元素。原子的内电子层稳定,最外层有两个电子,易失去成 +2 价,化学性质活泼,仅次于碱金属。碱土金属中,镭为放射性元素;镁、钙、锶、钡、镭为典型的碱土金属;铍与其他元素相比更类似于铝。

47. 卤素

卤素即卤族元素。周期表中第Ⅶ类主族元素,包括 F(氟)、Cl(氯)、Br(溴)、I(碘)和 At(砹)五种元素,其中 At 是放射性元素。卤素的原子内层上排满了电子,外层有七个电子。单质为双原子分子,化合价主要是 -1、+1、+3、+5 和 +7。化学性质非常活泼,是典型的非金属元素。能与大多数金属和非金属直接化合;与轻金属如钠、钾等化合,可以生成典型的盐类。广泛用于化学工业,在自然界中均以化合物的状态存在。

48. 热化学方程式

化学反应过程中,存在放热或吸热的现象,这是因为反应物所含的热能和生成物所含的热能不相等,其热能差在反应过程中表现为释放或吸收热量。在反应过程中放出热量的反应称放热反应;吸收热量的反应称吸热反应。其热量用焦耳表示并写入化学方程式中。能表示热能变化的化学方程式叫热化学方程式。例如:

$$C + O_2 = CO_2 + Q$$

这个热化学方程式表明 12g 碳和 32g 氧反应,生成 44g 二氧化碳气时,能放出 Q 的热量。

伴有放热或吸热的反应,比较典型的有氧化反应(燃烧是氧化反应的特例)产生氧化热,中和反应产生中和热,另外还有分解热和生成热等。

49. 金属的性质

大部分金属有展性和延性,能压成薄片,也能拉成金属丝。另外具有金属特有的色泽——金属光泽,是一种良好的传热和导电体,传导性显著。金属的电导率随温度的下降而升高。

金属有失去若干电子变成正离子的性质。金属原子的结合取决于原子间的价电子结合,另外,金属原子的价电子在物质内是能自由运动的电子,称为自由电子。金属具有易变成正离子的这种性质,对于不同金属是有差别的,是金属化学活性的体现,换而言之叫金属性的强弱。金属的离子化倾向大体上有规律,按从大到小的顺序可排列成金属活泼性顺序表。主要金属的活泼性顺序如下:

钾(K)、钠(Na)、钙(Ca)、镁(Mg)、铝(Al)、锌(Zn)、铁(Fe)、镍(Ni)、锡(Sn)、铅(Pb)、[氢(H)]、铜(Cu)、汞(Hg)、银(Ag)、铂(Pt)、金(Au)。

轻金属的离子化倾向较大。所谓轻金属,是指相对密度在 5 以下的金属。包括碱金属(钾、钠等)和碱土金属(钙、钡、镁等)以及铝等。

氧是比较活泼的元素，与金属反应易生成金属氧化物。在干燥的空气中，金属钠虽然在金属中是最活泼的一种元素，但与空气中的氧不会发生明显的反应，如果加热就会发生激烈的反应，并发出黄色的光。然而，比金属钠活泼性较弱的金属如锌等，若压成薄片就变得易反应；铁等金属粉末，即使在常温下也会进行氧化放热反应。把氢列入金属活动顺序的系列中，这就意味着可以用水或酸来鉴别金属性质。即使用微量的水，也能离解出氢离子，离子化倾向大的金属，由于水的作用更容易使氢离子获得电子变成氢气，金属变成离子而溶解。这种金属的阳离子，能与水的氢氧根结合成碱并放出热量，其热能使金属着火燃烧。

凡是比氢离子化倾向大的金属，特别是排在最左边的碱金属，离子化倾向最大，要注意其与水反应时的火灾危险性，这些金属已列入第三类火灾危险物。其他金属，易被酸腐蚀并放出热量，遇水或酸等而变得易发生反应。第一类火灾危险物主要是盐类，多数是碱金属的盐类，另外还有碱金属的过氧化物。在第二类火灾危险物的金属粉末中，主要是铝和镁二种。在第三类火灾危险中，主要是金属钾和金属钠。但也包含碳化钙、磷化钙和氧化钙。

在火灾危险物中，包含与上述离子化倾向大的金属有关联的物质，故这类金属都是化学活泼性较强的物质。

大部分金属是固体，但汞是液体。

下面列举主要金属的熔点（℃）：

汞（327）、钾（635）、钠（97.8）、锡（231）、铝（327）、锌（419.5）、镁（951）、铝（660）、钙（845）、银（960）、金（1 063）、铜（1 083）、锰（1 260）、镍（1 455）、钴（1 480）、铁（1 530）、铂（1 774）、铬（1 800）、铝（2 620）。

另外，两种以上的金属熔融后混合，能制成合金。

50. 化合价

化合价表示相结合的原子个数比的性质。元素化合价有正、负之分，其数值即该元素的一个原子在化合时得失电子数或形成共用电子对的数目。得电子或吸引电子对能力强的为负价，反之为正价。

51. 共价键

分子或晶体里原子间通过共用电子对所形成的化学键，称为共价键。

根据原子间共用电子对数目可形成共价单键、共价双键和共价叁键。例如，二个氢原子共用一对电子形成共价单键，表示为 H∶H 或 H—H；二个氮原子共用三对电子形成共价叁键，表示为N≡N。

52. 键能

键能是表征价键性质的物理量之一，即在标准情况下，由气态 A 原子和气态 B

原子生成1摩尔气态AB分子所释放出的能量，或将1摩尔理论气体AB分子拆开，成为气态A原子和气态B原子所需的能量。键能表示化学键的强度，键能越大，则化学键越牢固，分子越稳定。

对双原子分子来说，键能即离解能。对多原子分子来说，键能和离解能有区别，如NH_3分子，三个N—H键的离解能分别为435kJ/mol、381kJ/mol、339kJ/mol，键能则是三个等价键离解能总和的平均值391kJ/mol。

53. 质量守恒定律

质量守恒定律又称物质不灭定律，即参加化学反应的全部物质的质量等于反应后全部产物的质量。

54. 当量定律

当量定律指物质按照当量比进行化学反应的规律。例如，在H_2和O_2化合成H_2O的反应中，氢的当量是1.008，氧的当量是8，则当氢和氧的质量比为1.008∶8时，可完全反应而化合成水。可见物质相互作用时的质量与它们的当量成正比。根据当量定律，可计算物质在化学反应中的质量关系。

55. 气体反应定律

化学反应前气体的体积与反应后生成气体的体积，构成简单的整数比，这就叫气体反应定律。

56. 阿伏伽德罗定律

在相同温度和相同压力下，相同体积的任何气体都含有相同数目的分子，这就叫作阿伏伽德罗定律。下面就是这个定律的应用：

(1)在相同温度、相同压力的条件下，同体积的两种气体质量之比等于分子数相同的分子质量之比。因而，一个分子的质量比基本相等，分子量比也基本相等。例如，氧的分子量是32，如果又知某种气体的密度是氧的32倍，则能算出那种气体的分子量是多少。

(2)1mol的任何物质，所含的分子数相同。如果是气体，在同温、同压条件下所占的体积也相等。经实验证明，在温度为0℃，压力为101 325Pa时，1mol的任何气体所占的体积都是22.4L。因而，在温度为0℃，压力为101 325Pa下，22.4L气体的质量克数，与其分子量的数值相等。

57. 热力学

热力学是专门研究能量相互转变过程中所遵循的法则的一门科学，即不需要知道物质的内部结构，只从能量观点出发便可得到一系列规律的一门科学。它研究各种能量之间的转换关系(如电能和机械能、电能和热能等)；在各种变化过程中发生的各种能量效应；在某一条件下变化是否能自发发生，如果变化能够发生，则又将发生到什么程度为止,等等。所以说,热力学的应用范围是极其广泛的,主要用于工程学、物理学、化学以及其他科学分支。热力学第一定律和第二定律是热力学理论的基础。由于热力学不考虑物质内部结构,因而它所说明的只是宏观热现象。

58. 化学动力学

化学动力学是物理化学的一个分支,主要是研究化学反应的机理和速度、控制反应速度的因素,并根据反应速度与控制因素的关系推测化学反应的机理,也称反应动力学。

59. 反应速度

反应速度即化学反应进行的快慢。用单位时间内反应物浓度的减少或生成物浓度的增加量表示。浓度单位一般用 $mol \cdot L^{-1}$ 表示,时间单位用 s · min 或 h。化学反应并非均速进行。反应速度分为平均速度(一定时间间隔内的平均反应速度)和瞬时速度(给定某时刻的反应速度),可通过实验测定。

反应速度的影响因素除了反应物的性质外,温度、浓度和催化剂也是重要的影响因素,气体反应的快慢还和压力有关。增加反应物的浓度,即增加了单位体积内活化分子的数目,从而增加了单位时间内反应物分子有效碰撞的次数,导致反应速度加快;提高反应温度,即增加了活化分子的百分数,也增加了单位时间内反应物分子有效碰撞次数,导致反应速度加快;使用正催化剂改变了反应历程,降低了反应所需的活化能,使反应速度加快。在化工生产中,常控制反应条件来加快反应速度,以增加产量。有时也要采取减慢反应速度的措施,以延长产品的使用时间。

60. 催化剂

催化剂是指能改变化学反应速度而反应前后本身的化学组成和数量不变的物质。正催化剂能加快反应速度,负催化剂(阻化剂)能减慢反应速度,助催化剂能提高催化剂的催化效率,但本身不具有催化作用。通常所说的催化剂指正催化剂。

61. 热化学

热化学是研究物理和化学过程中热效应规律的一门科学,即对于伴随着化学反应和状态的变化而发生的热变化的测量、解释和分析,它以热力学第一定律为基础,在量热计中直接测量变化过程的热效应,是热化学的重要实验方法。

62. 热效应

热效应指物质系统在一定温度下(等温过程)发生物理或化学变化时所放出或吸收的热量。化学反应中的热效应又称反应热,有生成热、燃烧热、中和热等。

63. 热力学温标

热力学温标又称开氏温标,是 1927 年第七届国际计量大会决定采用的最基本的温度标定法。热力学温度为基本温度,用符合 T 表示,其单位是开或 K(Kelven 的缩写）。摄氏温度的符号为 t，其单位是摄氏度，用℃表示。热力学温度每一开的大小与摄氏温度相同，而热力学温度的零度即绝对零度 0K 等于摄氏温度的 -273. 15℃，$T = 273.15 + t$。1960 年第十一届国际计量大会规定水的三相点为 273. 16K。

64. 热化学方程式

表示化学反应与热效应关系的方程式叫作热化学方程式。因为化学反应的热效应与反应进行时的条件（温度、压力、恒压还是恒容）有关，也与反应物和生成物的状态及数量有关，所以写热化学方程式与写一般化学方程式略有不同，必须注意以下几点。

（1）表明反应的温度和压力，如果是 298K 和 101 325Pa，习惯上可不予注明。

（2）必须在反应物或生成物的右侧注明物质之物态或浓度，可分别用小写的 s、l、g 三个英文字母表示固、液、气，如果该物质有几种晶型也应注明是哪一种。

（3）化学式的系数只表示摩尔数，不表示分子数，因此必要时可以有分数。

65. 状态

状态是指用来描述物质体系的温度、压力、体积、质量和组成等物理性质和化学性质的总和。当这些性质都有确定值时，就说此物质处于一定的状态。

66. 标准状况

标准状况通常指温度为 0℃ 和压力（或压强）101 325Pa 下的状况。由于气体的体积受温度和压力影响较大，因此，气体的密度统一在标准状况下便于比较。

67. 标准情况

标准情况通常指温度为 25℃ 和压力（或压强）为 101 325Pa 的情况。

68. 摩尔

摩尔是一系统的物质的量，该系统中所包含的基本单元数与 0. 012kg 碳 -12 的原子数目相等。0. 012kg 碳 -12 中含阿伏伽德罗常数（6.02×10^{23}）个碳原子，称为 1 摩尔，单位符号是 mol。例如，1mol 水含 6.02×10^{23} 个电子。在使用时，基本单元应予指明，可以是分子、原子、离子、电子及其他粒子，或是这些粒子的特定混合。

69. 摩尔体积

摩尔体积指 1 摩尔物质在特定条件下所占有的体积。1mol 任何气体在标准状况下所占的体积都为 22. 4L，这个体积常称为气体的摩尔体积。

70. 化合物

由不同元素组成的物质称为化合物。一般分为离子化合物［如氯化钠（NaCl）］和共价化合物［如氯化氢（HCl）］两种基本型。化合物有固定的组成并具有一定的物理和化学性质。

71. 混合物

混合物也称混和物，是多种单质或化合物混在一起组成的物质，其中的每种单质或化合物都保留着原有的化学性质。如含有氧气、氮气、惰性气体、二氧化碳等多种气体的空气、含有多种盐分的海水等都是混合物。

72. 气体

气体没有固定的形状，可以随容器的形状而变化。气体分子的特征是其分子可以自由高速地在相当大的空间作无规则的运动。因为作用于气体分子间的引力十分微弱，所以分子与分子之间的距离相当大。

73. 液体

液体具有流动性，且有自由表面，有一定的体积，没有固定的状态，其形状随容器的形状而变化。

74. 固体

有一定体积和形状的物质称固体。在外力作用不太大的情况下，其体积和形状改变很小。固体分晶体和非晶体两种。构成固体的分子、原子或离子进行有规则排列的物质（如食盐、金属等）称为晶体；若作无规则分布的（如玻璃、沥青、石蜡等）称为非晶体。晶体有固定熔点；而非晶体在加热时随温度升高流动性逐步增强，无固定熔点，故也可把非晶体称为过冷液体。

75. 理想气体

理想气体是忽略了分子本身的体积和分子间作用力的气体。一般认为温度不低于0℃、压力不高于101 325Pa时的气体为理想气体。

76. 理想气体状态方程

理想气体状态方程即 $pV = nRT$。式中 p 为气体压力，V 为气体体积，n 为气体摩尔数，R 为气体常数，T 为热力学温度（$T = 273.15 + t$）。表达了气体体积与气体摩尔数、温度、压力的关系。

77. 相

相指物体中具有相同组成、相同性质的均匀物质。相与相之间存在着界面，不限于固、液、气三相之间，两种结构不同的晶体虽都是固体也是两个相。

78. 物理变化

物理变化一般指不涉及物质化学组成改变的一类变化，如蒸发、熔化、导电、传热、发光等。例如，液态的水蒸发变为气态的水蒸气，物质的聚集状态发生了变化，但其分子的组成并未发生变化。

79. 溶解与潮解

固态物质溶于液体的过程称为溶解；固体吸收空气中的水分溶解变湿的现象称

潮解。把某种物质溶化在液体里(如砂糖溶化在水中)而形成一种均匀的液态物质,这种液态物质称为溶液,被溶解的物质称溶质,溶解溶质的液体称溶剂。

80. 蒸发与沸腾

液体的分子也进行无规律的热运动,在液面附近的分子中,能量较大的分子能摆脱周围分子的引力,从液体表面逸出变成气体,这种现象称为蒸发。由于蒸发而产生的气体称为蒸气,其分子也在做热运动。液体变成蒸气,必须有一定的热能。把1g液体变成同温度饱和蒸气所必需的热量,称为该液体的“气化热”或者“蒸发热”。

在一定温度下,存在于液体表面的蒸气分子达到一定浓度,气液处于平衡状态。在此平衡浓度下的气态分子的压力,就是该温度下的液体的饱和蒸气压。当蒸气压和大气压相平衡时,就能从液体的内部产生蒸气,这种现象称为沸腾。这时的温度就是沸点,外界气压高,沸点也高。一般所说的液体沸点,是指在一个大气压下的沸点。

81. 熔解

加热固体使其温度升高时,固体的分子会更激烈地进行热振动,当热振动达到一定程度,时,分子间的引力就被破坏,部分固体就会变成液体,这种现象称“熔解”。开始熔解的温度称为该物质的熔点,把液体冷却到熔点,则变成相同温度的固体。把1g处于熔点的固体熔化,变成相同温度的液体所必需的热量,称为“熔解热”。

82. 升华

固体可以不经过液体直接变成气体,这种现象称之为“升华”。常见的具有“升华”现象的物质有干冰、碘和萘等。

83. 热量

物体温度的高低取决于物体本身含热量的多少。两个温度不同的物体相接触时,原来温度较高的物体,温度逐渐下降,原来温度低的物体,温度逐渐上升,这就是热量从高温体转移到低温体。1g纯水从14.5℃升高到15.5℃所需的热量叫作1卡(cal),即4.181 6J。某种物质的温度升高1℃所需的热量,称为该物质的热容,单位J/k。1kg物质的热容量,称为该物质的质量热容或比热容,单位J/(kg·K)。

84. 热膨胀

物体的体积随着温度升高而增大的现象叫作热膨胀。温度每升高1℃时的体积增加值与原体积之比称为该物体的体积膨胀率。

85. 热传导

热量从物体的这一部位传到另一部位或者从这一个物体传到与它相接触的另一物体上的现象,称为热传导。而热量传递的同时并不发生物质转移。在单位时间内通过单位面积的热量与温差成正比。固体、液体和气体物质都有导热性能，但以固体物质为最强。固体物质的热传导能力也各有不同。例如，在火灾条件下，木质结构的表面虽已达到高温，甚至发生燃烧，但其内部温度几乎不发生变化；如果是钢梁就会迅速被加热，并能把热量很快地传导出去，致使火势蔓延，这是因为金属固体物质导热性比木材好。

86. 热辐射

物体由于自身温度而放出辐射线，以辐射线传播热能的现象称热辐射。电磁波就是辐射能传送的具体形式。根据它们产生的原因不同，电磁波可分为X射线波、紫外线波、可见光波（光线）、红外线波和无线电波等。在防火与防爆领域最受关注的是那些被物体接受时，辐射能又重新转变为热的射线。具备这种性质的最显著的是波长在0.8～40μm（微米）范围内的红外线。这些射线称为热射线，把它们的传播过程称为热辐射。对热辐射来说，温度是物体内部电子流动的基本原因，所以热辐射主要取决于温度。太阳使地面上物质温度升高的热传递方式，就是热辐射。

87. 热对流

依靠流体本身微粒的流动传播热能的现象叫热对流。通过气体或液体流动来传播热能的现象，分别叫作气体对流和液体对流。

附录二

108 种物质的防火防爆安全参数

序号	名称	爆炸危险度	最大爆炸压力(MPa)	爆炸下限(%)(体积分数)	爆炸上限(%)(体积分数)	蒸气相对密度(空气为1)	闪点(℃)	自燃点(℃)
1	氢	17.9	0.74	4.0	75.6	0.07	气态	560
2	一氧化碳	4.9	0.73	12.5	74.0	0.97	气态	605
3	二硫化碳	59.0	0.73	1.0	60.0	2.64	< -20	102
4	硫化氢	9.6	0.50	4.3	45.5	1.19	气态	270
5	呋喃	5.2	—	2.3	14.3	2.35	< -20	390
6	噻吩	7.3	—	1.5	12.5	2.90	-9	395
7	吡啶	5.2	—	1.7	10.6	2.73	17	550
8	尼古丁	4.7	—	0.7	4.0	5.60	—	240
9	萘	5.5	—	0.9	5.9	4.42	80	540
10	顺萘	6.0	—	0.7	4.9	4.77	61	230
11	四乙基铅	—	—	1.6	—	11.10	80	—
12	城市煤气	6.5	0.70	4.0	30.0	0.50	气态	560
13	标准汽油	5.4	0.85	1.1	7.0	3.20	< -20	260
14	照明煤油	12.3	0.80	0.6	8.0	—	≥40	220
15	喷气机燃料	10.7	0.80	0.6	7.0	5.00	<0	220
16	柴油	9.8	0.75	0.6	0.5	7.00	—	—
17	甲烷	2.0	0.72	5.0	15.0	0.55	气态	595
18	乙烷	3.2	—	3.0	12.5	1.04	气态	515
19	丙烷	3.5	0.86	2.1	9.5	1.56	气态	470
20	丁烷	4.7	0.86	1.5	8.5	2.05	气态	365
21	戊烷	4.6	0.87	1.4	7.8	2.49	< -20	285

续表

序号	名称	爆炸危险度	最大爆炸压力(MPa)	爆炸下限(%)(体积分数)	爆炸上限(%)(体积分数)	蒸气相对密度(空气为1)	闪点(℃)	自燃点(℃)
22	己烷	4.8	0.87	1.2	6.9	2.79	< -20	240
23	庚烷	2.1	0.86	1.1	6.7	3.46	-4	215
24	辛烷	5.0	—	0.8	6.5	3.94	12	210
25	壬烷	7.0	—	0.7	5.6	4.43	31	205
26	癸烷	6.7	0.75	0.7	5.4	4.90	46	205
27	硝基甲烷	7.9	—	7.1	63.0	2.11	86	415
28	氯甲烷	1.6	—	7.1	18.5	1.78	气态	625
29	二氯甲烷	0.7	0.50	13.0	22.0	2.93	—	605
30	氯乙烷	3.1	—	3.6	14.8	2.22	气态	510
31	二氯乙烷	1.6	—	6.2	16.0	3.42	13	440
32	正氯丁烷	4.5	0.88	1.8	10.1	3.20	-12	245
33	甲基戊烷	4.8	—	1.2	7.0	2.97	< -20	300
34	二乙基戊烷	7.1	—	0.7	5.7	4.43	—	290
35	环丙烷	3.3	—	2.4	10.4	1.45	气态	495
36	环丁烷	—	—	1.8	—	1.93	气态	—
37	环己烷	5.9	0.86	1.2	8.3	2.90	-18	260
38	环氧乙烷	37.5	0.99	2.6	100.0	1.52	气态	440
39	乙烯	9.6	0.89	2.7	28.5	0.97	气态	425
40	丙烯	4.9	0.86	2.0	11.7	1.49	气态	455
41	丁烯	4.8	—	1.6	9.3	1.94	气态	440
42	戊烯	5.2	—	1.4	8.7	2.42	< -20	290
43	丁二烯	8.1	0.70	1.1	10.0	1.87	气态	415
44	苯乙烯	4.5	0.66	1.1	6.1	3.59	32	490
45	氯丙烯	2.6	—	4.5	16.0	2.63	< -20	—
46	顺式 -2 -丁烯	4.7	—	1.7	9.7	1.94	气态	—
47	乙炔	53.7	10.3	1.5	82.0	0.90	气态	335
48	丙炔	—	—	1.7	—	1.38	气态	—

续表

序号	名称	爆炸危险度	最大爆炸压力(MPa)	爆炸下限(%)(体积分数)	爆炸上限(%)(体积分数)	蒸气相对密度(空气为1)	闪点(℃)	自燃点(℃)
49	丁炔	—	—	1.4	—	1.86	< -20	—
50	苯	57	0.90	1.2	8.0	2.70	-11	555
51	甲苯	4.8	0.68	1.2	7.0	3.18	6	535
52	乙苯	6.8	—	1.0	7.8	3.66	15	430
53	丙苯	6.5	—	0.8	6.0	4.15	39	450
54	丁苯	6.3	—	0.8	5.8	4.62	—	410
55	二甲苯	5.4	0.78	1.1	7.0	3.66	25	525
56	三甲苯	5.4	—	1.1	7.0	4.15	50	485
57	三联苯	3.9	—	0.7	3.4	5.31	113	570
58	甲醇	7.0	0.74	5.5	44.0	1.10	11	455
59	乙醇	3.3	0.75	3.5	15.0	1.59	12	425
60	丙醇	5.4	—	2.1	13.5	2.07	15	405
61	丁醇	6.1	0.75	1.4	10.0	2.55	29	340
62	异戊醇	5.7	—	1.2	8.0	3.04	-30	—
63	乙二醇	15.6	—	3.2	53.0	2.14	111	410
64	氯乙醇	2.2	—	5.0	16.0	2.78	55	425
65	甲基丁醇	4.5	—	1.2	8.0	3.04	34	340
66	甲醛	9.4	—	7.0	73.0	1.03	气态	—
67	乙醛	13.3	0.73	4.0	57.0	1.52	< -20	140
68	丙醛	8.1	—	2.3	21.0	2.00	< -20	—
69	丁醛	7.9	0.66	1.4	12.5	2.48	< -51	236
70	苯甲醛	—	—	1.4	—	3.66	64	190
71	丁烯醛	6.4	—	2.1	15.5	2.41	13	230
72	糠醛	8.2	—	2.1	19.3	3.31	60	315
73	甲酸甲酯	3.0	—	5.0	20.0	2.07	< -20	450
74	甲酸乙酯	4.0	—	2.7	13.5	2.55	20	440
75	甲酸丁酯	3.7	—	1.7	8.0	3.52	1.8	320

续表

序号	名称	爆炸危险度	最大爆炸压力(MPa)	爆炸下限(%)(体积分数)	爆炸上限(%)(体积分数)	蒸气相对密度(空气为1)	闪点(℃)	自燃点(℃)
76	甲酸异戊酯	4.9	—	1.7	10.0	4.01	22	320
77	乙酸甲酯	4.2	0.88	3.1	16.0	2.56	-10	475
78	乙酸乙酯	4.5	0.87	2.1	11.5	3.04	4	460
79	乙酸丙酯	3.7	—	1.7	8.0	3.52	-10	—
80	乙酸丁酯	5.3	0.77	1.2	7.5	4.01	25	370
81	乙酸异戊酯	9.0	—	1.0	10.0	4.49	25	380
82	丙酸甲酯	4.4	—	2.4	13.0	3.30	-2	465
83	异丁烯酸甲酯	5.0	0.77	2.1	12.5	3.45	10	430
84	硝酸乙酯	—	>1.05	3.8	—	3.14	10	—
85	二甲醚	5.2	—	3.0	18.6	1.59	气态	240
86	甲乙醚	4.1	0.85	2.0	10.1	2.07	气态	240
87	乙醚	20.0	0.92	1.7	36.0	2.55	< -20	170
88	二乙烯醚	14.9	—	1.7	27.0	2.41	< -20	360
89	二异丙醚	20.0	0.85	1.0	21.0	3.53	< -20	405
90	二正丁基醚	8.4	—	0.9	8.5	4.48	25	175
91	丙酮	4.2	0.55	2.5	13.0	2.00	< -20	540
92	丁酮	4.3	0.85	1.8	9.5	2.48	-1	505
93	环己酮	4.2	—	1.3	9.4	3.38	43	430
94	氯	43	—	6.0	32.0	1.80	气态	—
95	氢氰酸	7.6	0.94	5.4	46.6	0.93	< -20	535
96	乙腈	—	—	3.0	—	1.42	2	525
97	丙腈	—	—	3.1	—	1.90	2	—
98	丙烯腈	9.0	—	2.8	28.0	1.94	< -20	—
99	氨	0.9	0.60	15.0	28.0	0.59	气态	630
100	甲胺	3.1	—	5.0	2.07	1.07	气态	475
101	二甲胺	4.1	—	2.8	14.4	1.55	气态	400
102	三甲胺	4.8	—	2.0	11.6	2.04	气态	190

续表

序号	名称	爆炸危险度	最大爆炸压力(MPa)	爆炸下限(%)(体积分数)	爆炸上限(%)(体积分数)	蒸气相对密度(空气为1)	闪点(℃)	自燃点(℃)
103	乙胺	3.0	—	3.5	14.0	1.55	气态	—
104	二乙胺	4.9	—	1.7	10.1	2.53	< -20	310
105	丙胺	4.2	—	2.0	10.4	2.04	< -20	320
106	二甲基联胺	7.3	—	2.4	20.0	2.07	-18	240
107	乙酸	3.3	5.4	4.0	17.0	2.07	40	485
108	樟脑	6.5	—	0.6	4.5	5.24	66	250

注:数据取自北京市劳动保护科学研究所．安全技术手册[M].2版．北京:电力工业出版社,1989.

附录三

禁止一起贮存的物品

组别	物品名称	不准一起贮存的物品种类	备注
1	爆炸物品： 苦味酸、梯恩梯、火棉、硝化甘油、硝酸铵炸药、雷汞等	不准与任何其他种类的物品共贮，必须单独隔离贮存	起爆药如雷管等，与炸药必须隔离贮存
2	易燃液体： 汽油、苯、二硫化碳、丙酮、乙醚、甲苯、酒精(醇类)、硝基漆、煤油	不准与其他种类物品共同贮存	如数量甚少，允许与固体易燃物品隔开后贮存
3	易燃气体： 乙炔、氢、氢化甲烷、硫化氢、氨等	除惰性不燃气体外，不准和其他种类的物品共贮	
	惰性气体： 氮、二氧化碳、二氧化硫、氟利昂等	除易燃气体、助燃气体、氧化剂和有毒物品外，不准和其他种类物品共贮	
	助燃气体： 氧、氟、氯等	除惰性不燃气体和有毒物品外，不准和其他物品共贮	氯兼有毒害性
4	遇水或空气能自燃的物品： 钾、钠、电石、磷化钙、锌粉、铝粉、黄磷等	不准与其他种类的物品共贮	钾、钠须浸入石油中，黄磷浸入水中，均单独贮存
5	易燃固体： 赛璐珞、胶片、赤磷、萘、樟脑、硫磺、火柴等	不准与其他种类的物品共贮	赛璐珞、胶片、火柴均须单独隔离贮存

续表

组别	物品名称	不准一起贮存的物品种类	备注
6	氧化剂： 能形成爆炸混合物的物品：氯酸钾、氯酸钠、硝酸钾、硝酸钠、硝酸钡、次氯酸钙、亚硝酸钠、过氧化钡、过氧化钠、过氧化氢(30%)等	除惰性气体外，不准和其他种类的物品共贮	过氧化物遇水有发热爆炸危险，应单独贮存；过氧化氢应贮存在阴凉处所
	能引起燃烧的物品： 溴、硝酸、铬酸、高锰酸钾、重铬酸钾	不准和其他种类物品共贮	与氧化剂亦应隔离
7	有毒物品： 光气、氰化钾、氰化钠等	除惰性气体外，不准和其他种类的物品共贮	

参考文献

[1]《防火检查手册》编辑委员会. 防火检查手册[M]. 上海:上海科学技术出版社,1982.

[2]北京劳动保护科学研究所. 安全技术手册[M].2版. 北京:电力工业出版社,1989.

[3]陈行表. 安全技术与防火技术[M]. 北京:高等教育出版社,1959.

[4]鲁多夫·迈耶. 爆炸物手册[M]. 陈正衡,等,译. 北京:煤炭工业出版社,1980.

[5]公安部人民警察干部学校. 石油和化工企业防火[M]. 北京:群众出版社,1980.

[6]南昌铁路分局. 危险物品运输常识问答[M]. 北京:中国铁道出版社,1981.

[7]商业部储运局. 化学危险物品储运知识[M]. 北京:中国财政经济出版社,1978.

[8]水利电力部. 电气防火[M]. 北京:水利电力出版社,1978.

[9]孙金华,王青松,纪杰. 火焰精细结构及其传播动力学[M]. 北京:科学出版社,2011.

[10]田兰,等. 化工安全技术[M]. 北京:化学工业出版社,1984.

[11]消防管理与消防法规全书编委会. 消防管理与消防法规全书[M]. 北京:企业管理出版社,1996.

[12]杨玲,孔庆红. 火灾安全科学与消防[M]. 化学工业出版社,2011.

[13]杨玲. 昆山8·2铝粉尘爆炸事故的思考[J]. 安全,2015(4):54-55.

[14]杨有启,钮英建. 电气安全技术[M]. 北京:首都经济贸易大学出版社,2000.

[15]曾清樵. 建筑防爆设计[M].2版. 北京:中国建筑工业出版社,1986.

[16]赵衡阳. 气体和粉尘爆炸原理[M]. 北京:北京理工大学出版社,1996.

[17]朱吕通,贺占奎. 现代灭火设施[M]. 北京:水利电力出版社,1984.